广东省人与自然和谐发展研究基地调研报告选辑（2022）

曾宇辉　许家军　主编

西南交通大学出版社
·成　都·

图书在版编目（CIP）数据

广东省人与自然和谐发展研究基地调研报告选辑. 2022 / 曾宇辉，许家军主编. 一成都：西南交通大学出版社，2022.12

ISBN 978-7-5643-9061-7

Ⅰ. ①广… Ⅱ. ①曾… ②许… Ⅲ. ①可持续性发展－调查报告－广东－2022 Ⅳ. ①X22

中国版本图书馆 CIP 数据核字（2022）第 238825 号

Guangdong Sheng Ren yu Ziran Hexie Fazhan Yanjiu Jidi Diaoyan Baogao Xuanji（2022）

广东省人与自然和谐发展研究基地调研报告选辑（2022）

曾宇辉　许家军　主编

责任编辑	郭发仔
封面设计	何东琳设计工作室
出版发行	西南交通大学出版社 （四川省成都市金牛区二环路北一段 111 号 西南交通大学创新大厦 21 楼）
发行部电话	028-87600564　028-87600533
邮政编码	610031
网址	http://www.xnjdcbs.com
印刷	成都蜀通印务有限责任公司
成品尺寸	170 mm × 250 mm
印张	12.75
字数	209 千
版次	2022 年 12 月第 1 版
印次	2022 年 12 月第 1 次
书号	ISBN 978-7-5643-9061-7
定价	60.00 元

前　言 ‖ PREFACE

广东省“人与自然和谐发展研究基地”是由韶关市社科联和韶关学院联合申报，根据2012年11月27日中共广东省委宣传部、广东省社会科学院颁发的《关于广东实践科学发展观研究基地评选结果的通知》（粤社科〔2012〕53号）成立的首批8个“广东省实践科学发展观研究基地”之一。

新时代新征程，在习近平新时代中国特色社会主义思想指引下，广东不断开创改革发展新局面。近年来，基地研究人员以“人与自然和谐发展”为目标，以加快发展和生态建设为主线，从“区域经济与生态发展”“地方治理与生态建设”“生态文化与地方思想文化建设”三个领域开展研究。

本书收集调研报告共14篇，主要内容包括：第一，重视生态文明建设，在深入调研“土地确权与流转”“生态搬迁与补偿”“生态产业发展”的基础上，聚焦“三农”问题，重点围绕“优势产业开发”“生态旅游发展”“多元生态补偿”“特色志愿服务”等多个维度，探索国家公园建设与乡村振兴的结合点、切入点和实现“绿水青山就是金山银山”的新路径、新方案。第二，针对韶关如何融入粤港澳大湾区实现制造业高质量发展，结合第四次全国经济普查等相关数据资料，分别从提升韶关工业企业 R&D 绩效、推进韶关产业结构高级化与创新升级、创新韶关制造业融入粤港澳大湾区的路径等方面进行研究，并提出了相应的对策建议。

本书得到了韶关市委宣传部、韶关市社科联、韶关学院等部门和单位的支持。在出版过程中，韶关市统计局也提供了帮助，在此表示感谢！与此同时，对西南交通大学出版社工作人员的辛勤付出表示感谢！当然，由于时间仓促，书中疏漏与不足在所难免，恳请读者批评指正。

编　者

2022 年 7 月

目　录 ‖ CONTENTS

粤北生态特别保护区集体林地确权与流转刍议[①]

陈 悦

【摘 要】2019 年广东省发改委公布了《粤北生态特别保护区范围划定及建设实施方案》，确定了粤北生态保护区的范围，但在保护区划建之初，在土地确权和流转方面仍然存在若干问题，如确权林地纠纷多、保护区范围和权属有争议、征地推进难度大。对此，应该科学调整保护区范围，制定更为贴合实际的征地补偿标准，健全相关土地产权流转机制，完善纠纷解决机制和跨部门协调机制，建立合理的补偿经费分配机制等，以便更好地保护农户的合法利益，同时也降低相关部门征地的难度。

【关键词】粤北生态保护区；土地确权；土地流转

根据 2019 年 1 月印发的《粤北生态特别保护区范围划定及建设实施方案》（以下简称“《方案》”），粤北生态特别保护区范围由南岭—南水片、石门台—罗坑片以及联结两片的乳源大潭河生态廊道（生态保护带）组成。从韶关市林业局委托第三方单位的调查数据（统计精确到行政村）可知，特别保护区中的韶关片区拥有 4 个县（市、区）共 13 个镇 53 个行政村、1 个林业局、2 个林场。其中核心保护区 340.88 平方公里，生态修复区 111.81 平方公里，生态利用区 561.51 平方公里。林地面积 942.50 公顷，国有林地 343.86 平方公里，集体林地 598.64 平方公里。[1]（说明：丹霞山片区因故另行统计）

① 基金项目：广东省普通高校人文社科研究重点项目“加快粤北生态特别保护区建设面临的重要民生问题及应对策略研究”（编号 2018WZDXM018）。

一、特别保护区土地流转存在的主要问题

据调查，目前韶关市相关部门对保护区的一级分区面积、国家级生态公益林面积、林地权属的情况做了精确到行政村的统计，同时对土地流转存在的问题做了厘清工作。但从实际情况来看，由于保护区内集体林地占比较大，其中各方利益纠缠，这给厘清土地权属工作带来不少难度，具体表现在以下几方面。

（一）确权林地纠纷多

中华人民共和国成立以来，我国土地相关法律制度曾几经修订，加上缺乏自然保护地的单行法律，我国自然保护区的土地确权从法律上到实际操作上，都存在着亟须探索的问题。

《方案》指出，准备通过征收获得集体土地的所有权，通过租赁获得集体土地的经营权，与集体土地的所有者、承包者或经营者签订地役权合同。但征收工作顺利进行的前提是土地权属清晰。如果林地权属不清，则土地流转工作难以进行。

从目前来看，在保护区规范范围内，部分农户之间的产权不明晰，所承包的山林面积有一定误差，导致纠纷出现。出现的林地纠纷可分为以下三种情况。

第一，部分承包到户的山林面积界限不清，产权不明晰。造成这种情况的原因较为复杂，既有历史遗留问题，也有林权管理工作方面的不足，如在土地登记中操作不规范，导致确权合法性有争议。

第二，部分林地租赁未到期，不宜强行流转。在保护区管辖范围内，部分农户将分到户的集体林地以租赁或承包的方式流转给规模经营的林业大户或地方林业经济合作组织，通过签订流转合同的方式取得一定的土地租金或入股收益，进行集约化、规模化经营。对于此类林地，在租赁合同到期之前，不宜强行流转。

第三，部分林地使用权存在纠纷。在保护区成立之前，部分农户通过承包林地，对森林内的土地进行经营并获得收益。根据《中华人民共和国农村土地承包法》第八条规定，承包方的土地承包经营权，任何组织和个人不得侵犯。但建立特别保护区后，保护区内禁止采伐，但又没有采取到位的补偿政策，承包户的利益受到损害，和保护区管理者产生一系列纠纷和冲突，进而提高了行政成本。

（二）保护区权属有争议

所谓“权属”不清，即自然保护区边界非常清晰，存在特定的界限，但与周围小区有土地冲突。然而，自然保护区是以特定或部分社区为基础的。例如，1984 年 4 月 29 日，广东省人民政府办公室批准建立乳阳八宝山自然保护区，范围包括八宝山乐昌片，但该片区至今还未确定归属。

（三）保护区范围有争议

目前，广东省出台的《方案》在保护区规划范围有两处存在争议：一是未将南岭—南水片所涉各类保护地整体划入特别保护区范围（如清溪洞村）。但从当地政府和村民反映的情况来看，将清溪洞村划入有利于该区域的生态修复。二是将武江区江湾镇、龙归镇，曲江区樟市镇、白土镇部分区域纳入特别保护区范围。江湾镇、龙归镇、樟市镇、白土镇是重点发展区，而且人口多，商品林多，搬迁成本大。[2]

（四）征地推进难度大

目前我国自然保护区在征用集体土地以及划拨国有土地方面的工作，将按照《中华人民共和国土地管理法》的有关规定执行。《中华人民共和国土地管理法》确定的征地补偿原则为“按被征地者原用途补偿”，以土地“被征地者前三年平均年产值的六至十倍”计算补偿费用。

划建自然保护区所征用的土地绝大多数为当地农民赖以生存的经济林。不少中老年农民主要依靠采集经济林作物为生。征收林地，迁出保护区，对于他们而言意味着生活方式和经营方式的改变。如果仅仅按照前述征地补偿原则进行补偿，农民认为他们的经济利益和生活来源难以得到持续的保障，部分农民也存在对祖传土地的眷恋而不愿接受迁出安置。目前韶关市有 7 个县（市）全部纳入国家重点生态功能区，占全省 21 个国家重点生态功能区县（市）的 1/3。根据《粤北生态区保护总体规划》，目前在保护区范围内，土地资源权属为国家所有的占比为 36.48%，比例偏低。大量采取征收方式，使集体林地转为国有林地，也会给地方政府带来巨大的财政压力。而且，在征收过程中也极易产生林权纠纷，不利于特别保护区及周边社区的安定。

二、解决特别保护区土地权属问题的对策与建议

（一）科学调整保护区范围

在划定特别保护区范围方面，省划范围未将南岭—南水片所涉各类保护地整体划入特别保护区范围（如清溪洞村）。但从课题组收集到的信息来看，将清溪洞村划入有利于该区域的生态修复，建议将该片划入保护区范围。其次，省划范围将本市武江区江湾镇、龙归镇，曲江区樟市镇、白土镇部分区域纳入特别保护区范围。而江湾镇、龙归镇、樟市镇、白土镇是重点发展区，而且人口多，商品林多，搬迁成本大，因此建议不将武江区江湾镇、龙归镇，曲江区樟市镇、白土镇部分区域列入特别保护区范围。

（二）制定更为贴合实际的征地补偿标准

一是综合多重因素确定征地补偿标准。2019 年新修订的《中华人民共和国土地管理法》第四十八条中规定："制定区片综合地价应当综合考虑土地原用途、土地资源条件、土地产值、土地区位、土地供求关系、人口以及经济社会发展水平等因素，并至少每三年调整或者重新公布一次。"因此，过去仅仅将土地平均年产值作为补偿考虑的做法应该予以调整。既要考虑林地的生态价值以及环境效益，也要考虑货币通胀和居民消费价格上涨的因素，考虑因保护区限制而丧失的相关机会成本，及时调整林地征收的补偿标准，以满足林地生态环境恢复和保护的现实需求。

二是探索多样的补偿来源。经济林可以通过分配经营收益来向农户提供一定额度的补偿。但是公益林对农户的补偿主要是通过国家财政来提供。在一般情况下，这种补偿的标准非常低，会挫伤农户的意愿。如果由地方财政予以补偿，又会加重地方政府的负担。地方政府可以尝试推行碳汇交易，将生态林推向市场，通过财政补贴以外的方式，增加对农户的经济补偿，这在一定程度上能够保护农户的经济利益，降低征地的难度。

（三）健全保护区土地产权流转机制

2017 年 10 月，广东省政府就林地林木流转出台了相关办法。[4]目前该办法主要是针对"经营集体林地的权利人将其拥有的集体林地经营权

和林木所有权、林木使用权，依法全部或者部分有偿转移给他人的行为”。而对于征用集体林地，以及国有林地林木流转的行为则并未做出规定。当前，制定健全的保护区土地产权流转机制，实属必要。

对于自然保护区集体林地流转，仅有概括性和原则性立法，操作性较弱，尤其是在保障集体土地权益方面，其针对性较差。[5]因此，建立健全保护区土地产权流转机制，首先应该完善相应的法律法规，要让自然保护地的土地流转有法可依。

其次，相关法律法规的出台，还应该对农村集体土地征收补偿标准的制定、执行流程的方式予以详细制定；对土地流转的参与和监督程序予以规定，完善信息公开制度，切实保障被征地农民的合法权益；对征地安置和补偿方案的听证方面予以规范，通过听证会代表的选举，保护好农户的合法利益，倾听好相关专家的意见。同时，政府机关对是否采纳农民或专家的意见给出公示的理由和结果，实现对土地流转多方利益的尊重和保护，严格按相关流程执行。

（四）完善补偿纠纷解决机制

在林地流转中，往往不可避免地会发生争议。保护区的建立，也不可避免地会发生大量林地流转现象。如果和农户存在争议而又不能很好地进行调解，则对地方社会的稳定会造成潜在的危险。

目前林权补偿纠纷解决机制主要有三种模式：协商解决、行政调处、民事诉讼。但这三种模式都主要是存在争议双方当事人向地方人民政府或法院申请裁决，而目前保护区中的林地流转，主要是政府向农户进行土地征收。因此在这种模式中，行政机关既是土地征收的当事方，也是征收补偿纠纷的裁判员。这种双重属性，使得行政机关难以以中立和客观的态度来对纠纷进行调解。因此，可以通过完善行政复议制度，即申请征地机关的上级机关对相关征地行为的合法性和恰当性进行审查，在一定程度上纠正征地主体的不恰当行政行为，维护农户的合法利益。

除此以外，完善土地征收纠纷的司法救济，也是一个重要的措施。目前除了《中华人民共和国农村土地承包法》《中华人民共和国土地管理法》等专门的法律，2021 年施行的《最高人民法院关于审理涉及农村土地承包纠纷案件适用法律问题的解释》也规定人民法院要依法受理涉及农村土地承包民事纠纷的案件。但是，过高的诉讼费用和过长的诉讼周期，会给一般农户带来过高的救济成本，使司法救济难以有效施行。因此，可以考虑适当简化此类纠纷的审理程序和诉讼周期，让农户更好地利用司法救济维护合法权益。

（五）设立跨部门协调管理机构

对于保护区内因自然条件复杂而造成不同部门之间管理重叠和职能交叉、权限不清的问题，建议通过建立相应的跨部门协调机构进行解决。

首先是由于保护区在空间上跨区跨市，建议由省里主持设立相应的独立协调机构，直接领导保护区各部门开展工作。对环境规划、重大问题、各部门权限和利益关系进行协调，对各项专题环保执法行动展开统一部署。

其次，要建立部门间的协调制度。以习近平新时代中国特色社会主义思想为指导，服从“五位一体”总体布局。将生态文明建设和可持续发展纳入各部门考核目标之中，并且加强各区各部门之间的交流与合作，明确各部门之间的权力横向配置关系，制定相关的协助实施办法和程序。定期开展部门例会或者座谈会，加强各部门之间的沟通，消除行政执法过程中引起的纠纷和误解。

（六）建立合理的补偿经费分配机制

按照2019年新修订的《中华人民共和国土地管理法》及其相关条例规定，征地补偿款主要包括土地补偿费、附着物及青苗补偿费和安置补助费三项。其中土地补偿费归村集体所有，附着物及青苗补偿费归失地农户所有，安置补助费则视安置情况而定。国家征收集体林地，实际上是林地所有权由农村集体转为国家所有。因此，征地补偿的直接对象应该是农村集体而不是林地承包户。但是，有学者指出，征地补偿费如果仅仅分配给农村集体而不是林地承包户，会对失地农户的安置工作造成巨大的不稳定性。因此，土地补偿费完全归属集体是不现实的。[6]因此，如何合理分配土地补偿费，是安置征地林户工作中的重要一环。

目前，补偿经费的分配方案由各地方政府制订。广东省2001年修订了《广东省征用农民集体所有土地各项补偿费管理办法》，其中第六条第二款规定：“集体所有的土地征地各项补偿费的使用和收益分配办法，必须经村民会议或者村民代表会议过半数通过，报乡级人民政府备案。”该规定把收益分配的权力下放给村民会议，而未提供其他标准。在这种情况下，如何实现妥善的土地补偿费分配，属于村民自治范围内的问题。

但是，考虑到村集体自治水平的差异，以及当中可能会出现的“投票悖论”，部分省政府也出台了相关规定，大致规定了经费分配的标准。例如，湖南省规定了分配给被征地农户的土地补偿费不少于 75%，而海南则将该比例规定为 70%。广东省也可以出台相关意见，在一定程度上为征地补偿经费的分配提供参考标准。同时，也可以现行支付相应比例土地补偿经费给被征地农民，以保障该部分农民的利益，避免土地补偿经费被长期搁置、挪用，为征地安置工作的后续稳定推进提供保障。

注 释

[1] 韶关市林业局．韶关市林业局关于提供北部生态发展区建设工作情况的复函[Z]. 2019.

[2] 韶关市人民政府．在省人大调研组开展粤北生态特别保护区规划调研上的发言[Z]. 2018.

[3] 韶关市林业局．市林业局关于筑牢粤北生态屏障打造绿色发展韶关样板面临的工作难点及突破方法[Z]. 2019.

[4] 广东省政府．广东省林地林木流转办法[Z]. 2017-10-27.

[5] 李朝阳．我国自然保护地范围内集体土地权益保障研究[D]．长沙：中南林业科技大学，2021：11.

[6] 姚妤婷，汪晖．土地调整对村集体征地补偿分配的影响——基于土地产权关系视角[J]．土地经济研究，2021（1）：105-122.

生态搬迁及其治理对策

——以粤北生态特别保护区为例①

曾宇辉

【摘　要】生态搬迁是生态保护区建设的重要组成部分。然而，生态搬迁不同于扶贫搬迁，为此，本文以粤北生态特别保护区为考察对象，分析生态搬迁及其后续建设中存在的困难和问题。提出如下建议：构建“三位一体”新平台，强化生态理念；结合“两工程”，实现“两区”和谐发展；区分不同需求，设计“自选式”扶持方案；分类指导，提供个性化就业创业服务；增强彼此沟通，促进融合发展；设“生态驿站”，开展志愿者服务。

【关键词】生态保护区；生态搬迁；治理对策

粤北地处南岭山地森林及生物多样性国家重点生态功能区，是我国14个具有世界意义的陆地生物多样性关键地区，是《中国生物多样性保护行动计划》16个热点地区之一，也是广东原始森林保存面积最大、生物多样性最为丰富的区域。[1]按照广东省构建“一核一带一区”发展新部署，要在粤北地区建立生态特别保护区（或国家公园），并先后颁布了《粤北生态特别保护区范围划定及建设实施方案》（以下简称“《实施方案》”）等文件。

2017年以来，根据广东省委、省政府的要求，省发改委、省住建厅与韶关市、清远市密切合作，组织开展可行性评估并制订了《实施方案》。具体来说，一是确定了搬迁区域和搬迁对象，包括韶关市曲江区、武江区、乳源瑶族自治县、乐昌市等县（市、区）10多个镇，清远市

---

① 基金项目：2019年度韶关学院校级科研重点项目“乡村振兴战略下韶关市城乡融合发展机制研究”（编号SZ2019SK04）。

阳山县、英德市、连州市等县（市）4个镇。与此同时，引导和鼓励生态修复区人口搬迁到适宜生产生活的地区。二是拟定了搬迁安置方式，如政府统建安置区、政府回购安置房、敬老院模式、自行安置四种，且有安置房和公共服务建设标准。三是出台了核心保育区安置方案，同时对搬迁区的资金需求进行了测算。四是提出了工作保障措施。然而，从目前调研的情况看，还有不少问题需要我们思考和解决。第一，随着各种因素的不断变化，原有的思路和相关政策需要做出相应调整。第二，如何进行搬迁后的建设尚需具体设计和规划，尤其是“软件”方面急需“硬措施”。第三，对搬迁和建设过程中可能引发的问题和不确定因素需要预测和研究。

一、生态搬迁和扶贫搬迁的联系与区别

通过多地调研发现，贫困地区与生态脆弱地区往往高度重合[2]，生态搬迁与经济贫困存在明显的耦合关系。[3]环境恶劣阻碍生存和限制发展都可能是导致贫困的重要原因，而贫困又可能会导致环境更加恶化。这种联系导致生态搬迁和扶贫搬迁经常同时发生，且两者都需解决移民的安置和后续发展问题，因此在工作方法上有许多互通之处，可以相互借鉴。仔细考察，扶贫搬迁和生态搬迁这两种迁移行为存在许多差异。

第一，动因和背景不同。俗话说“一方水土养一方人”，但也会“一方水土养不起一方人”。这些地方一般具有如下特征：一是生存环境差，人地矛盾突出，不具备基本生产生活条件；二是生态环境脆弱，开发受限或不宜开发；三是距城镇和交通干道较远，基础设施和公共服务难以延伸；四是扶贫成本和贫困发生率较高；五是安全隐患多或地质灾害多。从根本上改善贫困户的生产生活条件，最有效的方法就是搬迁出这养不起一方人的水土。如果说扶贫搬迁是通过迁移来谋求发展的话，那么，生态搬迁是为了保护或修复某个地区的生态环境而整体迁出。例如，随着人类活动的加剧，三江源地区（长江、黄河、澜沧江）水土资源不断流失而呈现“石漠化”现象。为了保护三江源水土，居民整体迁出。

第二，管理机构和经费来源不同。从目前情况看，国内扶贫搬迁的负责单位是扶贫办，而生态搬迁目前还没有明确的专门机构，大多数地区的生态搬迁由政府相关部门负责。国家发改委在2018年3月发布的《中国的易地扶贫搬迁政策》中指出，国家发改委设立了中央预算内投资专项支持易地扶贫搬迁，形成了稳定的投入渠道。另外，还创新了资金筹措方式，大幅增加中央预算内投资，引入了开发性、政策性金融资金。易地扶贫搬迁资金包括中央预算内投资、地方政府债务资金、专项建设基金、低成本长期贷款、农户自筹资金等几种来源。[4]而生态搬迁资金来源则不同，除了国家补助、地方配套、群众自筹以外，还包括生态受益者、破坏者补偿给生态保护者、受损者的生态补偿款等。

第三，实施目标不同。扶贫搬迁是要搬迁到生产生活条件较好的地方，扶持贫困人群脱贫的“志气”，让贫困户摒弃“等、靠、要”的思想，同时提升移民脱贫的能力，即创造财富的本领，给移民输入新理念、新技能，让移民通过自己的技能和努力摆脱贫困、走向富裕。而生态搬迁是要解决迁出地的生态修复和保护问题，不能迁出之后就对迁出地不闻不问。生态搬迁一般都会结合退耕还林、还草等进行有计划的生态修复工程，使原有土地得到优化利用，防止生态进一步恶化，逐年恢复土地原真性，形成生态系统的良性循环，实现预定的生态效益。对于迁入地，如果只注重开发而轻视治理，也会带来新的生态环境问题。因此，在移民开发过程中，必须树立人与自然和谐发展的理念，实现在开发中保护、在保护中开发，将生态意识融入每个移民的血液。

分析二者的差异，是为了从共性中找到个性，明确关键因素之所在，如责任单位和责任人是谁、需要解决的问题是什么、运营经费从哪里来、实施成效在哪里等，并不因其高度耦合而把这两者混淆一谈，要尽可能减少或者避免发生责任不明、经费不足、效果不佳等问题。

二、特别保护区生态搬迁面临的问题与困境

毫无疑问，目前相关部门为生态搬迁所做的前期准备是全面而充分的。然而，从我们调研收集到的信息看，以下问题不得不引起重视和关注。

（一）搬迁村民心态各异

我们在调研中了解到，尽管各地村民支持省委、省政府建立特别保护区的决策，但现实中还存在如下几种心态。一是迷茫心理。有村民提出，粤北是省内欠发达地区，粤北山村又是欠发达地区的典型代表，而特别保护区内很多地方不能开发和利用，因而对未来表示忧虑。二是忐忑心理。故土是祖祖辈辈生存之地，现在要去一个陌生的地方生活，心里总是不踏实：我们有足够的能力养家糊口吗？孩子可以与城镇孩子享有同等的待遇和机会吗？三是侥幸心理。搬迁户会有相应的经济补偿，少数村民想从中拿到一笔可观的补贴，他们有的临时决定新建一栋房子，有的垦地种植庄稼和蔬菜，甚至还有外地务工的村民赶回家里，设法争取可能得到的各种补贴。

（二）补助金发放不合理

在国家级自然保护区内，政府早年给予农户粮食补贴每人 40 元。但随着时间的推移，补贴总额不涨反减。在调查中，村委会负责人表示，对于粮食补贴的削减，上级政府也没有说明具体原因，他们对此表示不理解。据了解，生态公益林的补偿为每亩 31 元，保护区内外的补助都是这个标准。村民们认为，特别保护区对他们的生产生活没有积极作用。此外，补助对象划分不明确，根据 1982 年 1 月红山大队（瑶族村当时的名称）与其他生产大队所签署的协议书，明确规定了瑶族的山林权属。目前，政府按区划给予村民生态补助金，但其他民族村民认为自己也拥有山林权属，理应获得一部分生态补助金。

（三）农户无力支付房款

据了解，自 2011 年扶贫搬迁以来，在落实国家财政补贴每户 3 万元的标准后，村民仍需承担一笔不小的房款，正常的生产生活受到影响。在实地探访了自然保护区部分村落后发现，现在仍有部分村民尚未进行搬迁。究其原因，主要是搬迁者大多为老弱病残者，他们收入微薄，而移民搬迁需要村民自筹部分的额度过高，这部分群体拿不出足够的房款，经济压力较大。若强制要求搬迁到镇街区，将会加剧这一窘境。因为他们既无合适的耕地，也无特殊劳动能力。相反，各项生活支出增多增大，无法赶上镇上其他村民的生活水平。

（四）因耕地不足导致村民生活困难

搬迁后必然面临生存与发展问题。在搬迁之前，村民长期“靠山吃山，看天吃饭”，以狩猎、采摘等作为传统生产方式。调查发现，已经完成扶贫搬迁的部分村民，在镇街区并未分配到足够的农田。现在仍有部分村民在迁出地和迁入地之间活动，白天在迁出地耕种，晚上回到迁入地居住。当然，外出务工也可成为一些家庭的经济来源，但也会受到各种因素制约。一方面，企业希望物色“高素质、高技能”人才，而村民长期生活在山林中，对于现代生产经营缺乏必要的经验和训练。另一方面，村民存在“得过且过、靠天吃饭”的思想，承担风险和自我发展的能力脆弱。

（五）产业政策导向性不强

村民能否真正稳定安居，关键在于后续产业发展。虽然近年来各级政府大力倡导绿色发展，但对村民后续产业发展缺乏有针对性的扶持政策，在资金、技术、市场开发等方面的投入仍然不足。目前，政府设置了特别保护区内生产发展的清单和生态保护红线，这在一定程度上限制了村民的经济发展。另外，在访谈中了解到，由于卫生条件难保证，有关部门对村民在原居住地开设的茶叶小作坊进行拆迁，这无疑断了他们的主要经济来源。

（六）搬迁村民缺乏归属感

搬迁不仅使村民的生存住所发生空间上的位移，也会引起村民在传统习俗、生产生活方式、社会结构等方面的嬗变。对于村民而言，他们在原居地已经形成了自己独特的生活习惯、文化心理，而搬迁后会在很多方面感到不适应。据调查，目前已经搬迁的村民在生产生活方面受到了来自迁入地村民的干扰和影响。有村民表示：“虽然搬迁后生活都有了很大的改善，日子越过越好，但是总有寄人篱下的感觉。”这种现状不容小觑。

三、推进特别保护区生态搬迁的对策与建议

生态搬迁及社区建设投入大、耗时长，各部门固然关注成本和效率，

但更要坚持“以人民为中心”，切实贯彻中央和省的指示精神。为此，提出如下建议。

（一）构建“三位一体”新平台，强化生态理念

特别保护区建设意义重大，但据我们调查所知，搬迁户对此知之不多或知之不深，生态理念要扎根在民众心中，的确需要有效的平台。一是中小学要把生态理念与实践活动结合起来。如开展以生态为主题的摄影、写作和视频制作比赛等，或借助节假日如“3·12”植树节、“3·22”世界水日、“4·22”地球日等重要时间节点，开展丰富多彩的生态文明活动。这不仅可以激发学生探索科学的兴趣，而且学生的生态意识和行为会影响他们的父母及其家庭成员。二是开设“粤北生态大讲堂”。大讲堂成员由两部分组成：一部分由本市成员组成，定期在基层宣讲，人口分散的村可采取座谈方式，内容包括党和政府的生态理念、生态政策以及本区域的发展状况等，同时听取各利益群体的意见和建议。另一部分是外地专家学者或实际工作者，开办讲座，以开阔当地人眼界，大家相互借鉴。三是设立“粤北生态博物馆”。由相关部门组织收集动植物资料，将本区域的动植物标本充分展示并免费开放，让参观者在观赏中受熏陶，也吸引外地游客前来。

（二）结合“两工程”，实现“两区”和谐发展

广东省委、省政府在《构建“一核一带一区”区域发展新格局促进全省区域协调发展》（2019）中指出，要“优先提高落后全国平均水平较多的重点项目保障水平，持续投入‘底线民生’项目，稳步推动基本公共服务常住人口全覆盖”。《实施方案》也提出，搬迁应“综合考虑核心保护区生态发展和人民群众生产生活长远需求”。如前所述，生态搬迁区往往是贫困地区，“扶贫工程”与“搬迁工程”相结合成为必然。所以，我们认为，无论是从扶贫的视角，还是从搬迁的维度，在规格上都要有前瞻性，不能只参照当地标准，要以全省平均水平建设移民新村（由省级财经兜底解决），不仅室内结构设计要合理，公共设施也要达到应有的要求。有条件者，还要凸显新村社区特色，如保留瑶族文化元素，呵护弥足珍贵的“乡愁”。这样，村民才有获得感、归属感，往后才能成为生

态保护区的可靠保护者，而不是心怀怨气的潜在破坏者，“两区”（即“社区”和“保护区”）才能相互依存、和谐发展，北部生态发展区才可能与全省一道迈入全国高质量发展的先进行列。

（三）区分不同需求，设计“自选式”扶持方案

在村民搬迁前一定要充分评估搬迁户的家庭情况，如人口、职业、是否贫困、住房现状等，在安置时应根据家庭需求供其自由选择。例如，根据每个家庭的经济条件和人数进行差异化设计，避免强制性统一。除补偿资金外，还可以有区分地提供其他补偿和扶持措施，采用“基本补偿+任一其他扶持方式”的自选套餐模式，以满足不同个体的不同需求。如果村民长期在城市务工，可鼓励其举家移居城市，给予其他扶持，就不提供迁入区安置房；有些村民一直从事农作，可在土地政策上对其有所体现，减免部分租金或提供产品销路等；家庭孩子较多的农户，可在教育方面补助，减免部分学杂费或资料费，增加学位；富余劳动力较多的家庭，可在就业政策上对其有所倾斜，给其提供就业机会；一直从商的村民，可更多地进行创业扶持，如创业基金补贴或在贷款利息上有所降低等；如果农户有意愿从事茶叶产业或旅游业，可进行相关专业的技能学习和培训等。

（四）分类指导，提供个性化就业创业服务

要稳住搬迁村民，就业是件大事，政府部门应依照不同标准分层次进行就业指导和服务，同时与高校合作。例如，按照年龄和文化程度的标准分层次，可以给 18~25 岁的高校在校生和毕业生提供专业实习机会和一定的实习补贴，既可以让学生将自己所学的专业知识运用于实践，又可以为当地留住青年人才；针对 18~25 岁的非高校生和 26~50 岁的村民，可以由政府提供免费就业技能培训，结合当地产业特色，邀请专家和技术人员对其进行不同的技能训练；针对 50~65 岁的有劳动能力的就业困难人员，可以设置安置点的“公益性岗位”，由镇（村）以搬迁户的具体情况为依据确定岗位的名额，包括卫生清扫、绿化养护、公共设施管理、治安巡逻、留守儿童看护等工作。此外，还可以实行政策优惠扶持创业，鼓励有意向和条件的搬迁户自己创业，通过设立创业贴息贷款、结对帮扶、组织创业联合体、加强产销衔接、培育和发展经纪人群体等多种有效措施，为村民争取更多优惠政策，并主动加强与有关部门的沟

通与协商，将各项移民政策贯彻落实到位。

（五）增强彼此沟通，促进融合发展

搬迁村民和迁入地村民之间的矛盾主要表现在价值观念或经济利益方面，因此，需要消除他们之间的差异与不平等。政府部门首先要充分发挥“粤北生态大讲堂”“生态驿站”等平台的作用，提前与村民进行沟通与交流，深入搬迁村民中了解他们的文化传统、生活特性，掌握他们的心理需求和生活需求，尊重并包容他们，发现问题要及时处理，增进搬迁村民对迁入地的适应性，让其尽快融入新环境和新生活之中。在政策上，要充分保障搬迁村民的权益，对侵害搬迁者利益的经查实要处罚，逐渐消除彼此之间的隔阂。对于为数不多的不在少数民族自治县的少数民族村（镇），省级财经每年要给予一定额度的补贴，帮助其加快发展和可持续发展。此外，要通过电视、网络、座谈会、节日庆典等方式建立各种联系，营造良好的乡风，增进相互之间的了解并友好往来，促进融合发展。

（六）设“生态驿站”，开展志愿者服务

一般来说，在社区建成初期，搬迁村民还不完全具备自我管理的能力，而基层政府的人力、物力往往有限，因此，在社区设立“生态驿站”且提供志愿服务是非常必要的。志愿者是为保护区作贡献的前行者、示范者和引领者，招募志愿者应本着自愿的原则，他们可以是社区居民，也可以是青年学生或者外地游客，但需要定期接受培训。他们的服务范围主要有：第一，主动践行《生态驿站志愿者服务规范》中的服务事项，包括各类咨询，如政策法规、垃圾分类等。第二，引导青少年、游客参观或参与林业工人在保护区进行一系列工作，如育苗、松土、施肥、除虫、防火等，让他们体验生态保护的艰辛过程，同时认识到生态文明建设需要全民参与。第三，志愿者长期在一线，接触的人多、信息多，要把工作中遇到的难点和困惑记录下来并进行梳理，及时联络高校或研究机构。政府部门应积极支持和资助，协同开展专题研究。这些成果既可以为志愿者释疑解惑，也能为保护区建设建言献策，有利于提升社区治理能力。

参考文献

[1] 国家林业局调查规划设计院. 推进粤北生态特别保护区建设的调研报告[R]. 2018.

[2] 王晓毅. 易地扶贫搬迁方式的转变与创新[J]. 改革，2016(8)：71-73.

[3] 东梅，王桂芬. 双重差分法在生态移民收入效应评价中的应用——以宁夏为例[J]. 农业技术经济，2010（8）：87-93.

[4] 中华人民共和国国家发展和改革委员会. 中国的易地扶贫搬迁政策[EB/OL].(2018-03-30)[2020-02-11]. http：//www.ndrc.gov.cn/fzggw/jgsj/dqs/sjdt/201803/t20180330-1050716.html.

特别保护区生态补偿问题与对策研究①

周新成

【摘　要】在生态特别保护区的规划建设实践中，我们调研发现，保护区的森林、河流、耕地等生态系统，其生态补偿涉及的利益关系复杂，实施工作难度较大，在实践中面临诸多矛盾，存在不少问题。在实施“一核一带一区”发展战略中，树立生态发展理念和进一步深化生态补偿机制改革，探寻特别保护区生态补偿的新政策、新需求，是粤北生态区发展的需要，也是广东高质量发展的重要组成部分。

【关键词】生态特别保护区；生态补偿；生态发展理念

近年来，粤北生态特别保护区地方政府积极争取省财政加大生态补偿转移支付力度。以韶关市为例，一是逐年增加重点生态功能区转移支付。自 2012 年以来，共安排重点生态功能区转移支付资金 6.46 亿元，年均增长 24.3%。二是在激励性转移支付机制上对重点生态功能区县（市）给予倾斜照顾。激励门槛比其他地区（不含少数民族县）低 4 个百分点。2017 年，省财政安排韶关市激励性转移支付资金 24.6 亿元。[1]三是在相关转移支付补助政策中引入主体功能区因素。省财政在测算分配县级基本财力保障资金、中央均衡性转移支付资金等转移支付资金时，对国家和省重点生态功能区（县）适用最高档次系数。省财政进一步完善差异化的评价指标体系和补助标准，实施与区域发展定位相适应的财政转移支付政策，支持韶关市落实好主体功能区发展任务。尽管省财政加大了生态补偿转移支付力度，但从过去广东生态发展保护区与主体功能区的

① 基金项目：广东省普通高校人文社科研究重点项目“加快粤北生态特别保护区建设面临的重要民生问题及应对策略研究”（编号：2018WZDXM018）。韶关市哲学社会科学规划课题（W2022002）“习近平生态文明思想在韶关的实践”（党史特别委托项目）阶段性成果。

规划建设实践中，课题组调研发现，生态发展区的森林、河流、耕地等生态系统，其生态补偿涉及的利益关系复杂，实施难度较大，在实践中面临诸多矛盾和问题。广东正在实施“一核一带一区”发展战略，探寻特别保护区生态补偿的新政策、新需求，是粤北生态区发展的需要，也是广东高质量发展的重要组成部分。

一、特别保护区生态补偿存在的主要问题

（一）石门台—罗坑片区面临的问题

罗坑片区作为韶关地区最大的自然保护区之一，在纳入特别保护区后，仍然有许多亟待解决的问题。

（1）保护区纳入粤北生态特别保护区体系后，对特别保护区资源的管理要求将更加严格，限制村民对森林资源利用的制度也更多，因此生态补偿涉及的矛盾更多。

（2）罗坑自然保护区的土地和林木权限全部为集体所有，保护区禁止采伐、狩猎等，使得“靠山吃山”的村民失去了主要经济来源，经济发展和生态保护的矛盾凸显。而生态公益林的补偿才 31 元/亩，保护区内和保护区外都一样，所以在一定程度上村民认为保护区的存在并没有给他们带来任何好处，反而限制了他们的经济发展。

（3）保护区纳入生态区体系后，需要解决生态移民现有的产业与生活设施的补偿问题，其补偿成本核算与补偿标准复杂。过去，政府生态补贴少，转移支付到区或镇的资金所剩无几。如果将保护区内的居民移民到外地，迁出的移民生活得不到一定的保障，移民又会重新返回故土耕种。例如，瑶族村没有耕地，只能租田地，主要劳动力还是要在山上耕种，靠采摘山茶树和灵芝为生，但茶、灵芝越来越少。

（二）南岭—南水片区面临的问题

（1）林下经济与保护区建设如何有机统一，是南岭片区面临的生态补偿问题之一。广东省乳阳林业局 2016 年的林下经济黄连项目，因涉及特别保护区，已停止。电站是现在林场生存之本，因在特别保护区范围之内，也面临停产报废。森林旅游也是林下经济之一，南岭国家森林公园自 1993 年开业至今，接待国内外无数游客，但因在南岭片保护区，现

已停业，400多名员工待业。

（2）南岭片区保护区范围之外（清溪洞村）存在大片石漠化山地，村民在山地上种植樟树，1棵树成本20元，60元卖出，村民既能维持生存与发展，也不会影响生态保护，还可缓解生态补偿的不足。其发展模式需进一步推广。

（3）乳阳林业局2017年碳汇造林任务3 600亩，林业局做了规划，但因在特别保护区，主管部门没有批复。乳阳林业局办公楼后山人工种植的杉树，计划进行林分改造，但因在保护区和缓冲区，不能采伐。

（4）乳阳林场的资源管理、生态公益林的培育以及保护区、核心区、缓冲区等如何有机配合与合理统一，也是一个需要解决的生态补偿难题。

（三）生态补偿的其他问题

（1）政策瓶颈。主要是生态补偿机制不完善，一方面，政策规划与多种实际情况不完全一致。另一方面，现有补偿政策难以发挥应有的效用。如前所述，现有补偿政策标准太低，民众的积极性难以充分调动。

（2）管理瓶颈。我国《水法》《水污染防治法》明确规定了“谁投资、谁受益，谁利用、谁保护，谁污染，谁治理”的原则，但特别保护区内的乳源南水湖、小坑水库的保护难以落实。片区内水库兼有抗旱防洪、旅游、工农业生产和提供生活用水等方面的功能和作用，开发利用的主体多，而承担水资源保护成本的主体不明确，利用与保护的权责无法落实。

二、特别保护区生态补偿的对策与建议

（一）政府赎买林地或对生态林进行差异化补偿

由政府出资赎买林地后，可以免去每年大金额的生态公益林补偿费用，也避免了环境保护与居民发展经济的矛盾。或者实现区内、区外差异化补偿，适当提高特别保护区内生态公益林的补偿金，最好可以和租用林地的价格一样，可以达到100元/亩，让农民能够真实体验到纳入特别保护区带来的经济收益，这样才会提高村民的积极性。

（二）生态补偿的标准和时间要有所区别

特别保护区的生态补偿需要分阶段进行，第一阶段的补偿时间可为

2021—2023 年。以补偿特别保护区保护建设生态资源环境成本和发展机会成本为主。每年由中央财政和广东省财政安排财政转移支付、专项补贴和基金专项经费。后期生态补偿时间可为 2024—2030 年。在第一步补偿标准的基础上，增加补偿特别保护区生态系统服务功能的非使用价值，即增加基于广东省内居民的支付意愿所达成的补偿金额。每年由中央财政、广东省财政通过新的生态补偿税费征收，或生态彩票发行受益转移划拨至特别保护区当地政府。具体补偿资金额度要与实施特别保护区战略的机会成本、生态系统服务功能价值等大体相符。

（三）科学界定生态补偿的主体和对象

广东生态补偿体系的补偿主体包括中央政府、广东省政府和珠江三角洲各市的地方政府、受益企业、排污企业和受益居民。补偿客体主要包括特别保护区中的核心保育区、生态修复区、生态利用区的生态资源环境的保护者和建设者，即特别保护区的地方政府、城乡居民以及由于产业结构调整转型升级发展绿色产业而受到损失的企业和农民。

（四）运用市场建立多元生态补偿机制

（1）建立以价格机制来优化配置资源的市场补偿方式制度，通过市场化进行水权交易，推动特别保护区大型水库对珠江三角洲地区和香港地区的直饮水保障工程；推进建立珠江流域水资源下游补偿上游的横向生态补偿机制。

（2）建立以国家或广东省政府为补偿主体，以特别保护区地方政府和居民为补偿对象，以全省区域生态安全、民生改善、社会稳定、区域协调发展为目标，以转移支付、财政补贴、政策倾斜和人才技术投入等为手段的行政补偿制度。

（3）建立以受偿者需求为导向的多元生态补偿机制，通过资金补偿、实物补偿、政策补偿、技术和智力补偿、产业补偿等方式来统筹兼顾特别保护区短期、中期和长期发展的需要，使经济与生态综合效益最大化。

（4）特别保护区生态补偿不是救济，也不是救急。必须建立长效的补偿机制，并辅以特别保护区的管理保障措施。以生态补偿资源配置方式为标准进行分类，可通过行政手段来配置生态补偿资源的行政机制和通过市场来配置生态补偿资源的市场机制。以被补偿者的需求为标准进行分类，可将生态补偿方式分为资金补偿方式、实物补偿方式、政策补偿方式及智力补偿方式。

（5）加大省级财政对特别保护区等北部生态功能区的转移支付力度，建立以财政投入为主的多元化资金保障机制，探索建立社会力量参与自然资源管理和生态保护的新模式，引导社会资金投入特别保护区建设，确保特别保护区所涉县（区）的基本公共服务保障达到全省平均水平。除此之外，还可根据不同标准建立起多种补偿制度。

（五）争取国家选择重点流域开展流域和水资源生态补偿

特别保护区处于珠江重点流域，境内又有全国的重点生态保护区——南岭山地森林和生物多样性生态保护区。同时，广东南水水库引水工程正在建设之中。应紧紧抓住这一历史机遇，积极争取国家支持，先行先试，创办“国家公园”。以特别保护区为切入点，实现广东区域协调发展的目标，并为全国同类地区探索出一条生态与经济协调发展之路。同时，要以特别保护区主体功能定位为目标，建立富有激励作用的专门的绿色GDP政府工作绩效考核体系。在建立政府工作绩效综合评价体系时，在指导思想上，要以全省利益最大化思想为引导，确保特别保护区高质量发展。

总之，生态补偿机制应从“精准补偿”的政策设计思路出发，从科学选择补偿对象和发挥市场机制作用入手，增强补偿标准的科学性和补偿对象参与的积极性。

参考文献

[1] 广东罗坑鳄蜥国家级自然保护区功能区规划[EB/OL]. https：//timgsa.baidu. com/.

粤北生态特别保护区生态产业发展研究[1]

许家军

【摘　要】粤北生态特别保护区产业发展相对滞后，其根源在于不能正确处理保护与发展的关系，缺乏产业发展的系统规划，生态优势未能充分发挥。为促进特别保护区生态产业发展，首先要转变观念，践行绿色发展理念；其次要加快科学规划，优化产业空间布局突出特色；最后要突出特色，着力培育支柱产业。

【关键词】粤北生态特别保护区；生态产业；产业空间布局

一、特别保护区生态产业发展存在的主要问题

目前，特别保护区产业基础薄弱，发展相对滞后。第一产业方面，核心保护区注重生态效益，经济效益不明显。以广东南岭国家级自然保护区为例，生态公益林 416 500 亩，占林业用地面积 91.5%，而商品林面积仅占 8.2%。社区居民以种植杉树等经济林为主，依靠木材产品获取经济收益。周边毗邻地区农民通常结合地形和土地条件以种植粮食作物和经济作物为主，收入水平较低。第二产业比重非常低，由于省市制定了严格的项目环评标准，保护区及周边毗邻地区加工业欠发达，规模较大的主要是农产品（如茶叶）加工业。第三产业方面，南岭国家森林公园、广东大峡谷等景区开发，社区居民和周边毗邻地区依托景区集中发展农家乐等形式的民宿和餐饮，在一定程度上促进了区域经济发展。近年来，

① 基金项目：广东省普通高校人文社科研究重点项目“加快粤北生态特别保护区建设面临的重要民生问题及应对策略研究”（编号：2018WZDXM018）。

科普宣教水平不断提高，有助于推动对青少年进行环境教育、自然教育，但并没有充分有效地将其转化为经济效益。

特别保护区产业发展相对滞后，其根源在于如下几个方面。

（一）不能正确处理保护与发展的关系

近年来，随着国家和省级层面对生态环境保护力度的加大，特别保护区出现了“为保护而保护”的现象。在强调生态保护的同时，保护区甚至周边地区的一些环境友好型产业开发受到了严格的限制。一方面，现有旅游项目受到限制。如前所述，南岭国家森林公园于 2018 年开始停业整顿，停止一切旅游活动，其中固然包括以追求利润为目标的私营旅游企业在经营开发过程中可能出现与生态保护产生冲突的行为。另一方面，不少潜在的生态旅游项目也因受到严格的限制而未能落地。例如，罗坑镇拟引进某大型研学旅游项目，面向粤港澳大湾区及全省中小学生开展生态科普宣教服务，但因涉及生态保护而未能落地。

（二）缺乏产业发展的系统规划

目前，尽管韶关市出台了《韶关市旅游产业发展规划（2015—2025 年）》等产业发展规划，但还没有针对特别保护区生态产业进行系统专门的发展规划。只是划定了生态红线，并没有提出可以重点发展的产业方向，导致保护区内各市县区乃至乡镇各自为政、相互博弈，未能发挥集聚效应，同时也使得各地产业关联性不强。

（三）生态优势未能充分发挥

据了解，韶关市给予特别保护区的政策与非保护区一般乡村振兴政策差别不大，特别保护区内产业结构与周边地区几乎没有差异。特别保护区社区居民以种植杉树等经济林为主，依靠木材产品获取经济收益。毗邻外围地区农民结合地形、土地条件种植粮食作物和经济作物，但仍然属于粗放的农业经济，产品特色不鲜明，没有充分发挥地方优势，不仅导致收入提高较慢，而且导致不少土地出现退化现象。特别保护区内的优良空气资源、生物多样性资源、绿色农林产品生产能力、自然教育与生态旅游资源都没有得到充分利用。

二、促进特别保护区生态产业发展的对策与建议

（一）转变观念，践行绿色发展理念

毫无疑问，特别保护区最主要的功能是生态保护，但并不是禁止所有产业的发展，只是对产业类型和区域空间进行了严格的限制。践行高质量发展的目标要求，应该避免“一刀切”，防止“矫枉过正”，要从限制产业转变到合理开发产业的轨道上来，既要守护绿水青山，又要收获金山银山。“绿水青山就是金山银山”的理念，为特别保护区解决经济发展与生态保护指明了方向。

特别保护区的建立，在一定程度上制约了当地民众对资源的利用，缩小了社区发展空间，从而减少了社区民众的经济收入与发展机会，使保护区与周围社区之间在自然资源利用与保护上产生了冲突，增加了特别保护区的生态保护压力。只有通过发展绿色产业，才能使经济发展方式发生转变，使社区民众从保护区的良好生态环境中得到实惠，真正自觉参与特别保护区的环境保护之中。

（二）科学规划，优化产业空间布局

结合特别保护区的功能分区，韶关市应该加快科学规划特别保护区内产业空间布局，在经济发展的同时，有效保护和修护生态功能，实现特别保护区的可持续发展。保护区产业空间布局具体分为四个圈层（如图 1）。

（1）核心保护区：在社区居民搬迁安置后，居民生产生活区全部实行生态保护和生态修复。该区域类型面积超过 260 万亩，重点以生态公益林建设为主，开展碳汇造林项目，不依靠林木产品获取收益，而是通过森林碳普惠机制取得经济效益。在试点基础上，韶关市要进一步取得省相关部门的支持，扩大核证减排容量，争取交易中心落户韶关，打通林业碳普惠开发交易的便车道。

（2）生态修复区：区域内除居民生产生活区外的其他范围，全部为生态修复区，实施生态修复和保护。目前，在生态修复区范围内，有社区居民约 1 820 人，共需划定 24 块居民生产生活区，面积约 5 640 亩，以维持和保留居民的生产生活空间。该区域可以发展环境友好型生态产业，重点开展碳普惠造林项目，也可以发展特色林业经济。例如，通过种植油茶、紫薇等经济林木，既可以通过碳普惠项目获得生态补偿，还

可以使区内大面积的石漠化地得到修复。

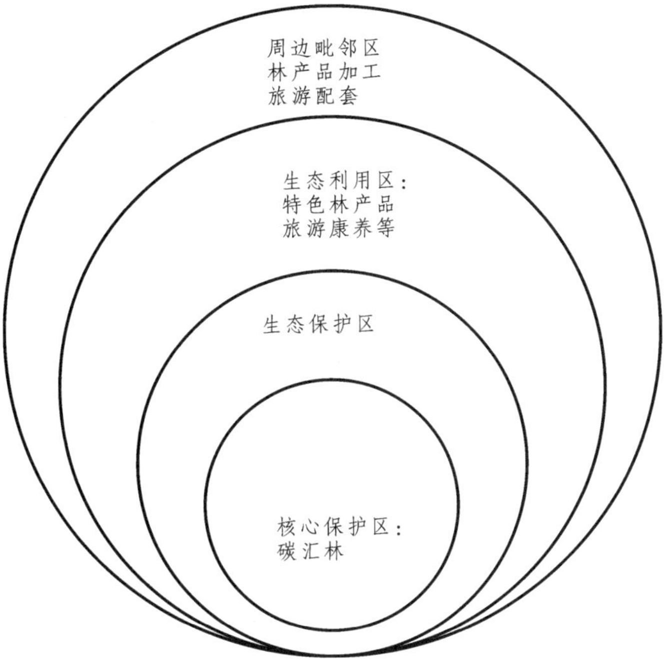

图 1　保护区产业空间布局

（3）生态利用区：一是在生态保育区范围内，开展碳普惠造林项目，打造生态公益林。二是在传统利用区重点发展特色林下经济，可以种茶叶等传统优势经济林木，也可以引进红豆杉等医用价值较高的特色树种，在此基础上发展农产品加工业。三是在科教游憩区，重点发展生态休闲旅游产业、森林康养（旅居康养）、研学旅游、户外运动等第三产业。

（4）周边毗邻区：保护区周边的社区可以发展农林产品加工和旅游配套设施，与保护区的生态产业形成联动。

（三）突出特色，着力培育支柱产业

特别保护区的特色和优势，在于良好的生态环境，包括空气、水资源和生物多样性，应该围绕这些优势，着力培育支柱产业。在强调生态保护的前提下，重点发展特色农林经济和生态服务业，构建“人无我有、人有我优”的生态产品体系。在保护区毗邻地区，可以适当进行农产品加工与销售，与保护区的农林经济联动，形成良性的绿色经济循环（如图 2）。

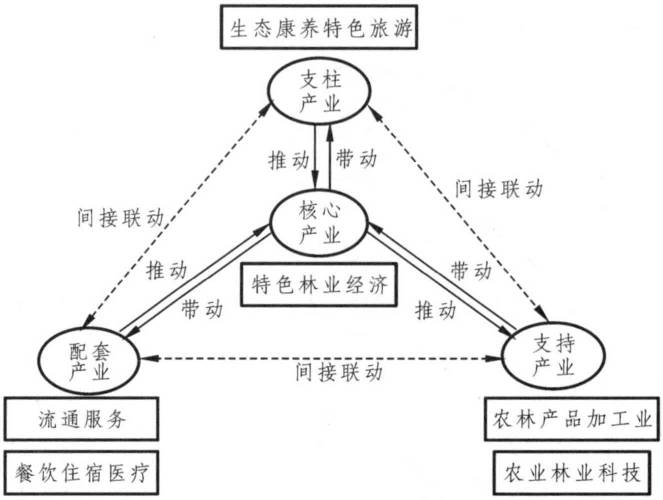

图 2　保护区生态产业的联系

1. 打造红豆杉培育及产品加工基地

在生态修复区的居民生活区和生态利用区，大力发展特色农业经济，重点打造红豆杉培育基地。结合粤北山区气候条件和特点，建议统一种植药用价值较高的红豆杉。

红豆杉是国际公认的珍稀保护植物，枝叶、皮、根、茎等应用价值极高，浑身都是宝，并以净化空气、全天候制氧而闻名。目前，国内红豆杉快繁技术比较成熟。红豆杉有突出的空气净化效果，其利用过程中可以不涉及森林砍伐，也不会破坏保护区的生态保护功能，特别是在保护区内石漠化区域进行种植，更有利于生态修复。

韶关市应鼓励通过山地入股、土地流转等方式，在保护区内外打造国内领先的红豆杉培育基地，形成聚集效应，打造统一品牌和商标，为区域大健康产业打下基础。红豆杉生物医药产业是极具发展潜力的健康产业，建议在保护区毗邻地区打造粤北中医药产业园区，重点引进相关项目，利用红豆杉花、果实、枝叶的防癌抗癌功效生产保健品和中药制品，延长红豆杉生物制药产业链。

2. 打造旅居康养胜地

我国将成为全球老龄化最严重的国家之一，健康养生养老市场需求前景良好。特别保护区具有发展旅居养老的天然优越条件，韶关市可以充分发挥气候、生态、环境、文化等方面的资源优势，加快发展旅居养老产业，打造面向大湾区乃至全国的旅居养老目的地。

（1）建议韶关市加快编制“生态养老产业发展规划”，全面谋划健康养生养老产业发展的目标内容和具体举措，为健康养生养老产业发展指明方向。起步阶段，可以围绕南岭国家森林公园乳阳林业局所在镇域，重点打造“旅居康养特色小镇”，充分依托当地常年被称为“天然氧吧”的优质空气、自然山水，打造生态休闲养生旅游目的地。在此基础上，充分整合山水生态优势资源，强化“健康养生养老+”思维，在周边毗邻地区建成一批各具特色的健康养生养老示范基地，与特别保护区旅居康养特色小镇形成联动效应。具体可以采取三种模式：一是着力发展“汤养型”产业。依托保护区周边温泉自然资源特色，突出山水文化和养生文化，打造融温泉养生、文化旅游、生态休闲为一体的新品牌，加快推动养老综合示范社区项目，建成休闲栖地、度假胜地、养生瑞地、养老福地。二是发展“旅养”产业。以周边乳源、曲江、新丰、南雄为重点，充分利用自然山水、原生态古村落、特色小镇等旅游资源，谋划一批适合韶关特色的避暑度假区块，开发建设避暑度假基地，使之成为回归自然的生态空间和放松身心的生态休闲养生旅游目的地。三是发展“文养”产业。韶关历史悠久，人文鼎盛，文化建筑遗存众多，禅宗文化全国知名，中医中药养生养老极具潜力。

（2）完善扶持政策组合，健全养生养老配套服务体系。争取国家和省级支持，利用2019年广东省和东北三省共同签署旅居养老合作框架协议和旅居养老产业合作机制逐渐形成的契机，将韶关市异地互动养老产业纳入养老统筹体系，构建异地养老机构资源共享平台，逐渐形成市际、省际旅居养老产业合作机制。完善信息咨询、安全保障、交通便捷、便民惠民、政务服务等公共服务体系，特别是加快建设便捷顺畅的旅游公路，为健康养生养老产业发展提供基础设施保障。设立健康产业引导基金，并利用市场机制推动金融机构和产业资本共同设立健康产业投资基金，为大健康产业发展提供资金保障，对健康产业优质项目在土地规划、市政配套、机构准入等方面给予政策扶持和倾斜，大力引进和培育一批健康养生养老产业专业人才。

此外，还可以依托康养产业不断推出创新型生态产品。例如，可以扶持相关企业和清远市联合开发“负离子空气”市场，进一步发挥特别保护区“天然氧吧”的资源优势，将生态优势转化为经济效益。

3. 拓展研学旅游产业

根据我国《关于推进中小学生研学旅行的实施意见》，学校每学年组织安排1~2次研学旅行活动，小学3~4天、初中4~6天、高中6~8天。随着各地研学旅行被纳入中小学校教学计划，研学旅行逐渐成为刚需，研学旅游将成为旅游业创新发展新的增长点。

特别保护区范围内丰富而独特的生物资源，为开展自然科普教育和研学旅行提供了条件。特别保护区各个片区可以通过分别打造包括自然科学知识、森林生态知识、野生动植物知识、现代林业循环发展等内容的科普场馆，建设南岭区域珍稀植物园，打造研学旅游产业基地，将生态优势转化为经济效益。

韶关市应加快完善研学旅游产业发展的扶持政策组合，大力拓展研学旅游市场。争取省级政策支持，打造面向粤港澳大湾区青少年的“生态文明”和科技研学旅行目的地。在严格执行生态保护政策的基础上，对研学旅游产业优质项目在土地规划、市政配套、机构准入等方面给予政策扶持和倾斜。

国家公园建设区以绿色产业转型促进生态保护与村民增收共赢

——以乳源瑶族自治县洛阳、东坪镇为例

许家军

【摘　要】利用生态产业发展实现国家公园和生态保护与村民增收双赢，是资源资产价值化的具体实践。地处南岭国家公园的乳源东坪镇和洛阳镇，虽然拥有良好的资源优势和一定的产业基础，但区域经济水平不高，产业发展限制多，资源优势难以向经济优势转化，国家公园生态保护和产业发展压力突出。践行绿色发展理念、优化产业空间布局、产业化经营，是实现国家公园生态保护与居民增收共赢的根本途径。结合区域特色与优势，从利用山地优势资源合理发展林下经济、利用特许经营项目实现南水湖渔旅融合发展、利用森林生态优势打造旅居康养胜地三个方面提出了区域绿色产业发展的思路与对策。

【关键词】国家公园；生态保护；产业转型；共赢

一、引　言

近年来，韶关市委提出要积极探索推进资源资产价值化，坚持保护中开发、开发中保护，促进资源资产优势转化为经济发展优势。在南岭国家公园建设中，利用生态产业发展实现国家公园和生态保护与村民增收双赢，正是资源资产价值化的具体实践。

洛阳镇和东坪镇积极贯彻市委市政府的工作部署，立足“生态发展

区”的功能定位，扎实推进乡村建设，坚持做到守生态保护底线、创绿色发展亮点，充分发挥生态优势，着力发展生态经济，积极探索从绿水青山向金山银山转变的绿色发展道路，不断壮大区域产业经济，特色产业发展初具雏形。第一，茶产业具有知名度。洛阳镇成功申报认定省级茶叶专业镇、市级茶叶专业村，实施4个“一村一品”项目，被认定“广东十大名牌”茶企1个、“广东省名牌产品”茶企2个，通过打造“洛阳茶旅小镇”，充分发挥生态优势，大力引进茶企，发展茶叶种植生产，茶叶种植面积达3 300亩，2020年产值达3 673万元；东坪镇2019年在新村成立华业茶叶专业种植合作社，茶叶种植面积超400亩，积极打造具有现代绿色有机生态的飞地瑶山茶产业园。第二，发展中草药材种植。洛阳镇与广州敬修堂合作成立丰源九节茶（草珊瑚）专业合作社，大力发展九节茶中草药种植，建立育苗基地和种植示范点，种植面积达500亩，年产值175万元，建立了面积2 170亩的大光乳源生态基地，发展重楼、牛大力、黄精等中草药材的培育种植；东坪镇按照“一镇一品”道地南药（瑶药）种植示范工程规划，在东田、长溪等土地面积较广且地理生态环境优越的行政村推广中草药种植，打造瑶族特色产业，种植100亩。第三，推广精致农业项目。洛阳镇通过发挥龙德生态农业有限公司、雪印乳源（白竹）蔬菜产业园、云子潭水产养殖有限公司、粤凰生态科技有限公司、三山家庭农场等一批新型农业经营主体的带动作用，大力发展高山蔬菜、特色养殖等现代种养业；东坪镇借助“南岭蔬菜”的品牌优势，依托良好的自然环境，瞄准稀缺的野菜品类市场，建立优良蔬菜生产基地，生产和经营高附加值的经济作物，种植面积扩大到200亩。第四，“农业+”模式不断推进。洛阳镇积极推进茶旅融合，造好“品质旅游景区”，每年有近1 300人次到“洛阳茶旅小镇”游览和采购农产品，提升了洛阳茶品牌形象，天井山生态长廊、粤凰科技园等共接待游客1 540人次，仙门奇峡接待游客6 840人次，实现收入38万元，较往年（2020年以前）增长近6倍；东坪镇借助瑶族“十月朝”文化旅游节系列活动、南粤古驿道越野定向大赛、广东省环南水湖自行车公开赛、奔向广东最高峰铁人三项赛等赛事，以“体育+旅游+文化”三产业为主，吸引以家庭为单位的人群来旅游健身。通过举办农民丰收节、葡萄采摘节等活动打造精品田园乡村景观，发展以休闲观光、亲子采摘、农耕体验、传统农业文化教育等为特色的精品高效农业。

二、建设区产业发展与生态保护存在的问题

东坪镇和洛阳镇虽然拥有良好的资源优势和一定产业基础，但区域经济水平不高，产业发展限制多，资源优势难以向经济优势转化，导致国家公园生态保护和产业发展压力增大。

（一）经济发展水平不高，主导产业不强

南岭国家公园建设区村民收入主要来源于外出务工、传统种植业、养殖业、采集以及生态公益林补偿，南水湖周边以及天井山等区域零星开展了生态旅游项目。

支柱产业以传统种植业、养殖业和采集为主，种植业以水稻、玉米、花生、红薯、黄豆为主，特色农业有一定基础，但总体规模小，村民增收渠道窄，人均收入水平不高。据调查，东坪镇村民人均年收入集中在 1.0 ~ 1.5 万元，略低于全市农村平均水平。区域内村集体经济薄弱，人均收入 189 元，其中有 3 个村人均仅 60 元左右。由于近年来外出务工人员比例不断提高（洛阳镇和东坪镇常住人口仅约占户籍人口 60%），部分村庄存在严重的耕地抛荒现象。以东坪镇梯下村为例，该村总人口为 715 人，常住人口仅 105 人，该村近 1800 亩耕地抛荒。

（二）产业发展限制多，资源优势难以向经济优势转化

近年来，随着国家和省级层面对生态环境保护力度的加大，各类保护区一定程度上出现“为保护而保护”的现象，在强调生态保护的同时，保护区甚至周边地区的一些环境友好型产业开发都受到了严格的限制。

以东坪镇为例，该镇各村主要分布在南水水库周围。近年来，根据国家湿地公园和韶关市饮用水源保护政策要求，饮用水一级保护区和二级保护区的捕鱼、水产养殖和旅游餐饮服务等生产经营活动都受到了严格限制。一是对南水水库水产养殖业进行了限制。东坪镇在 2018 年全面完成了南水水库网箱清理整治工作，清拆 138 户养殖户共 12 万多平方米养殖网箱。二是对南水水库周边农家乐进行清理整治，关停湖区周边 51 家农家乐。三是完成大型禽畜养殖场清理整治工作，完成清理禽畜养殖场 12 家。这些措施有效保证了南水水库的水质，但该镇库区村民长期以来因“靠水吃水”而形成的特色产业发展受到了制约，村民生计受到严重影响，亟需发展新的特色产业，促进南水水库资源优势向经济优势转化。

（三）村民对国家公园建设参与不足，生态保护压力大

对洛阳镇和东坪镇村民进行的调研发现，国家公园建设作为一项国家政策，村民希望从中获得自身发展的机会。但在南岭国家公园建设过程中，自然资源的利用和土地的用途均有严格的管制要求，这导致部分采集、种植和养殖等传统生产方式无法进行，村民收入来源减少。他们为了弥补在国家公园建设过程中丧失的发展机会，产生了与获得更多的经济来源密切相关的发展诉求。因此，在南岭国家公园建设中，要想获得较高的支持率，就应充分考虑村民的经济利益。

据调查，尽管近年来东坪镇政府大力清理整顿了南水水库周边农家乐等餐饮服务经营活动，拆除了商户招牌，但对于南水水库湿地公园这类开放型景区，游客对游憩设施和服务的需求始终存在，导致南水水库周边依然存在相当数量的私下营业的商户，餐饮服务转入“地下经营”，给生态保护带来了巨大的压力。

三、生态保护与村民增收实现共赢的途径

（一）转变观念，践行绿色发展理念

毫无疑问，国家公园最主要的功能是生态保护，但自然科普教育、游憩展示、社区发展同样是国家公园建设的基本责任。因此，国家公园建设并不是完全禁止所有产业的发展，只是对产业类型和区域空间进行了严格的限制，应避免“一刀切”，防止“矫枉过正”，要从单纯限制产业转变到合理开发产业的轨道上来。“绿水青山就是金山银山”的理念，在国家公园建设中为解决生态保护与社区经济发展的矛盾指明了方向。

一方面，村民需要合理的产业发展。国家公园建设在一定程度上限制了当地村民对资源的利用，减少了村民的经济收入与发展机会，使国家公园与村民之间产生了自然资源利用与保护的冲突，增加了国家公园的生态保护压力。只有通过发展绿色产业，使村民从国家公园的良好生态环境中得到实惠，村民才能真正自觉参与到国家公园的生态保护之中，发挥他们对自然资源保护的重要作用。

另一方面，产业发展不能破坏生态环境。国家公园在建设中可以创新设置生态管护公益岗位，推动实现生态保护与民生改善“共赢”。村民

是山水的主人，也是国家公园建设的主体，通过设置“生态护林员”“生态护水员”，为当地村民提供大量的就业机会，使村民在参与生态保护中获得稳定的收益，激励村民自觉参与生态保护，从而为其他产业发展提供生态保障。洛阳镇拥有生态公益林 40.3 万亩，全镇仅 2 715 户；东坪镇拥有 30 万亩生态公益林和 94 000 亩湿地公园，全镇仅 2 018 户。借鉴我国国家公园试点的经验，基本可以确保“一户一岗”，确保每个家庭有固定的收入来源。

（二）科学谋划，优化产业空间布局

结合国家公园核心保护区和一般控制区实行的差别化管控，合理规划区域内产业空间布局，在经济发展的同时，有效保护和修护生态功能。具体可分为三个圈层。

（1）核心保护区：在居民搬迁安置后，居民生产生活区全部实行生态保护和生态修复。该区域以生态公益林建设为主，开展碳普惠造林项目，不依靠林木产品获取收益，而是通过森林碳普惠机制实现经济效益。在试点基础上，韶关市要进一步取得省相关部门的支持，扩大核证减排容量，争取交易中心落户韶关，打通林业碳普惠开发交易的便车道。

（2）一般控制区：村镇等集中居住地、耕地、经济林、已有景区等人类活动区域以及适于开展生态教育、自然体验、生态旅游等区域，是国家公园内传统的生活、生产空间，也是发挥科研、教育、游憩等具有综合功能的空间。南岭国家公园的特色和优势在于良好的生态环境，包括空气、水资源和生物多样性，重点产业应该围绕这些优势展开，着力培育支柱产业。在强调生态保护的前提下，一方面，重点发展特色林下经济，保持种茶叶等传统优势经济林木；另一方面规范发展生态休闲旅游产业、森林康养（旅居康养）、研学旅游、户外运动等第三产业。

（3）联动发展区：以全域共建理念统筹推进国家公园建设，将国家公园以外的区域作为联动发展区，形成全域支撑国家公园建设、国家公园引领全域保护发展的良性互动机制。重点发展特色农林经济和生态服务业，可以适当开展农产品加工与销售，与一般控制区的农林经济联动，形成良性绿色经济循环。

（三）产业化经营，同步实现经济与生态可持续发展

生态产品的市场化，体现的是生态产品的价值，这就是我们所说的

“绿水青山转化为金山银山”。目前生态产品的市场化供给方式主要包括：①市场直接的经济交易，如排污权交易、水权交易、林权交易等；②生态资本产业化经营、合同外包和特许经营等都是常用的产业化经营方式；③政府购买，即政府购买市场主体生产的生态产品，如绿色采购、政府投资生态服务或转移支付、区划调整等。

国家公园特许经营是指在不破坏生态与环境资源的前提下，由政府经过竞争程序优选受许人，依法授权其在政府管控下开展规定期限、性质、范围和数量的非资源消耗性经营服务活动，并向政府缴纳特许经营费。对国家公园内非消耗性资源利用活动实行特许经营制度，既有助于缓解公共财政压力，带动地方经济，激活社会资本，又能够满足公众自然游憩、环境宣教的需求，使良好生态环境充分发挥普惠民生的功能。

地方政府要加紧对接南岭国家公园管理部门，借鉴国家公园体制试点以来各公园制定的特许经营管理办法，在总体规划的基础上，尊重并科学利用公园内的自然与人文资源，结合功能分区和游客流量控制方案，编制特许经营项目专项规划。具体而言，洛阳镇和东坪镇可以在餐饮、住宿、生态旅游、低碳交通、商品销售等领域实施特许经营项目，带动地方经济发展，增加村民收入。

四、建设区绿色产业发展的主要对策

在南岭国家公园建设过程中，应该理顺各类资源的产权，在严格生态保护的基础上，立足于本地山水资源和森林资源，走自然资源低消耗、高品质、无污染的绿色农业发展道路，合理发展林下经济，利用特许经营等手段，以增殖渔业发展带动渔旅融合发展，打造旅居康养胜地，有效实现生态资源的价值化。

（一）利用山地优势资源合理发展林下经济

在一般控制区内，结合实施乡村振兴战略，以现代农业产业园建设为抓手，创建一批省级、市级现代农业产业园，发挥农业产业园对区域内现代农业建设的示范引领作用。具体来说，东坪镇和洛阳镇可以利用优势资源，结合已有产业基础，鼓励和引导承包经营权在公开市场向专业大户、家庭农场、农民合作社、农业企业流转，发展多种形式的适度规模经营，建设现代农业产业园，合理发展林下经济。主要可以建设茶产业园、道地南药产业园和高山蔬菜产业园三大类农业产业园。

1. 茶产业园

除生态公益林之外，目前一般控制区范围区域内尚有大量适宜发展生态茶叶种植的山地资源。近年来，洛阳镇和东坪镇的茶叶产业发展较快，取得了一定成效，建议总结已有经验，利用丰富的森林资源和独特的高山生态系统，通过现代农业产业园建设，利用现有品牌效应，带动周边如东坪镇等区域的茶叶产业园建设，鼓励引导开展生态茶园改造，发展茶林混交园种植。茶产业园建设将有效带动区域经济发展质量的提升，重点打造洛阳镇深洞茶产业园和东坪镇瑶山茶产业园。以洛阳镇深洞村为例，该村位于国家公园核心保护区，人口 1 154 人。该村目前现有“华瑶”“瑶山王”和“深云翠”三个茶叶品牌，其中“深云翠”为前二者对深洞村茶叶合作社的帮扶项目。据调查，该村目前种植面积约 1 400 亩，年收入超 400 万元，实现人均增收近 4 000 元。目前该村可种植面积约 3 万亩，潜力巨大。据粗略测算可知，如果该村种植面积扩大 3 倍，即 6 000 亩规模水平，仅茶叶一项就可实现人均收入 1.5 万元左右，将极大促进村民经济发展。

在此基础上，可进一步推动茶旅融合，实现“茶文化+旅游”发展。在不影响茶叶生长的前提下，通过景观改造和花木补植，适当美化茶园的景观，注重保护茶园及茶园周边的生态环境，适当开展生态旅游；充分发挥会展节庆活动的联动效应，精心打造茶文化旅游节品牌；通过适当创新，引领论茶、品茶新风尚，让品茶成为一种高品质、高舒适、高境界的体验，成为特色休闲旅游产品，打造集交易、文旅、交流、科普为一体的市场综合体；以茶旅融合、跨界融合为导向，打造品质优良、品牌知名、特色显著的粤北山地有机生态特色茶产业，实现区域茶产业转型升级。

2. 道地南药产业园

中药材的发展以林下种植或林下野生抚育为主，不破坏森林资源，且药材种植与野生抚育的经济效益十分显著，能有效增加山区村民的收入。东坪镇和洛阳镇可以在已有“一村一品”示范点的基础上，加大招商引资力度，引进龙头企业，培育新兴农民主体，对接全省全市南药振兴战略，突出药食同源。在土地面积较广且地理生态环境优越的区域，建成集“规模种植、加工研发、品牌流通、示范带动、产业展示、养生体验、休闲服务”于一体的省级、市级现代农业产业园。具体来说，洛阳镇依托现有丰源九节茶（草珊瑚）专业合作社育苗基地、GAP标准化种植示范点、大光乳源生态基地，重点打造溪坪南药产业园和深洞南药产业园；东坪镇重点打造龙溪、东田道地南药（瑶药）示范种植园，重点发展九节茶、铁皮石斛、葛根等经济价值较高的品种，打造瑶族特色南药中草药材种植园；开展韶关特色中药材的育苗与生态种植的GAP标准化，在联动发展区的工业园区内开展加工与销售，实现产业链延伸。南药产业园建设将有效夯实村民增收渠道。以东坪镇龙溪村为例，有龙头企业对接该村，计划利用耕地和坡度较小的山地连片种植葛根，经初步论证，每亩投资1.58万元，产值可达2.08万元。若能利用5万亩可利用土地面积中的1万亩进行种植，年收益就可达5千万元，不仅可解决部分村民就业问题，而且可以带动周边联动发展区（工业园区）中草药加工业的发展。

3. 高山有机蔬菜产业园

结合得天独厚的地理环境与生态优势，发展特色高山有机蔬菜产业园。重点打造东坪镇方武生姜产业园和梯下淮山种植园。方武生姜性温散寒，无污染、纯天然，色香味独特，是姜中“养生极品”和“调味品”，是优质的绿色食品。方武村益民种姜专业合作社目前种植面积400亩，与本村金秋园生态农业有限公司合作，依托当地“瑶姜绘”品牌，开发了姜汁饮料和生姜粉生产加工，产品近几年来在粤港澳大湾区的知名度不断提高，市场价值和发展前景可观。梯下村可以充分利用抛荒的1 800亩基本农田，种植淮山等价值较高的蔬菜。据初步测算，当地淮山种植每亩投资成本约0.5万元，每亩产出可达1.7万元，若达到1 000亩的种植规模，年收益就可达1千万元以上。在此基础上，发挥基地的示范和推动辐射作用，在周边区域形成一定规模的蔬菜产业园。在耕地不足的山区，可以利用坡度较低的地带发展特色高山蔬菜产业园，洛阳镇可以发挥龙德生态农业有限公司、雪印乳源（白竹）蔬菜产业园、云子潭水产养殖有限公司、粤凰生态科技有限公司、三山家庭农场等一批新型农业经营主体的带动作用，进一步做强区域特色蔬菜产业。产业园分布见图1。

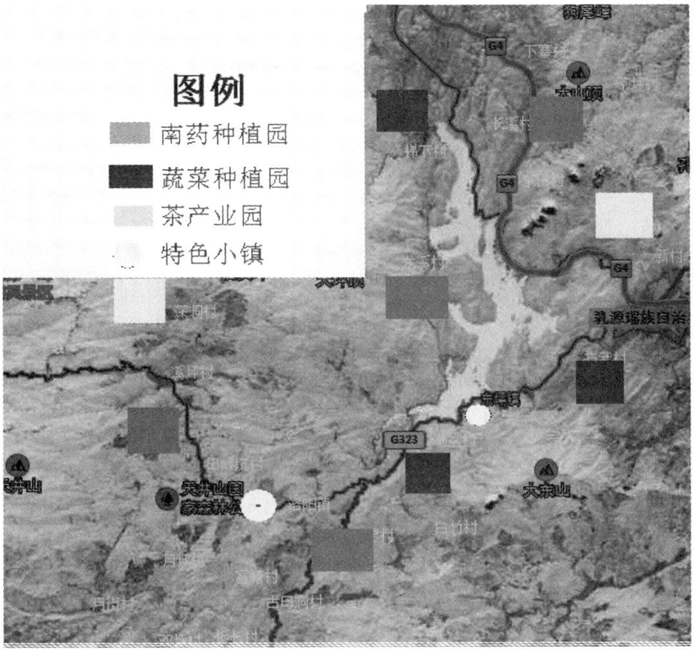

图 1　产业园分布

（二）利用特许经营项目实现南水水库渔旅融合发展

目前，国内饮用水源一级保护地的合理利用模式逐渐成熟，可以通过“企业+社区+政府”的模式，依托南水水库当地村镇开展增殖渔业特许经营项目，结合东坪镇国家公园入口社区建设，以增殖渔业发展带动渔旅融合发展。

1. 发展增殖渔业

农业农村部推广浙江千岛湖特色“保水渔业”发展模式，大力推进实施“以鱼保水”“以渔治水”生态治水模式，采用不投饵施肥的生态养殖方式，即通过投放品种对路的鱼种，依靠水库天然饵料增殖放养鱼类，生产有机鱼，实现既保护水域生态环境，又发展增殖渔业的双赢目标。这一模式近年来被湖南郴州市东江湖和广东河源市万绿湖等饮用水源保护地借鉴。

南水水库具有开发增殖渔业的有利条件。南水水库银鱼增殖和网箱养殖三角鲂都取得成功并在省内领先，产品具有相当规模，获得了“绿色食品”称号，并通过省商检部门审批获得出口香港的资质。根据初步测算，南水水库的单位鱼产力为795.7千克/公顷，全库的总鱼产力达2 650吨，南水水库鱼产力的估算与广东省水库2007年的渔业产量接近。考虑到南水水库属大型水库，鱼种投放后成活率及捕捞成鱼难度较大，以及上述水库浮游植物、浮游动物、底栖生物估算鱼产力的误差，南水水库渔业鱼产力的系数定为0.5，即该库年渔业产量可定为1 325吨。该产量再扣除摄食浮游生物的银鱼年产量120吨，则该水库的有机鱼生态养殖目标产量可达每年约1 200吨。按有机鱼最保守价格每吨1.6万元计，年产值约2 000万元。增殖渔业发展不仅可以直接吸收劳动力就业，还可以作为库区村民生态补偿资金的重要来源。

建议在科学论证基础上，引进渔业龙头企业，授权开展国家公园生态产品特许经营，通过"企业+社区+政府"的模式，依托南水水库当地社区开展增殖渔业商业项目，实施渔业增殖放流工作，通过鱼类的生物净化作用，促进南水水库水生态修复，保护南水水库水环境，维护水生生物多样性，促进南水水库渔业可持续发展。

2. "渔旅融合"发展

结合东坪镇国家公园入口社区（特色小镇）建设，以镇政府所在地为中心，利用现有基础设施，在确保生态安全的前提下，开展特许经营项目，打造特色小镇，以增殖渔业生产带动渔旅融合发展。

第一，打造巨网捕鱼观赏项目。千岛湖"万鱼跃起、金鳞狂舞"的巨网捕鱼作为千岛湖最有特色的旅游项目，一直是节庆宣传活动的保留项目，成为千岛湖旅游的拳头产品。千岛湖巨网捕鱼的群鱼狂舞舞出世界金名片，实现三次产业有机结合，完美延伸产业链。在有机鱼养殖基础上，南水水库可以借鉴千岛湖模式，通过巨网捕鱼吸引游客观光，也可促进周边区域生态旅游发展。

第二，东坪镇国家公园入口社区，以特许经营模式，创建湖鲜一条街，打造一批餐饮名店，开发全鱼宴、鱼头宴等别具特色的南水水库渔业美食，开发特色民宿。特许经营制度下旅游业的集中开发，既可以集中处理环境污染问题，又能有效带动地方经济发展。

（三）利用森林生态优势打造旅居康养胜地

我国将迈入老龄化时期，健康养生养老市场需求前景良好。随着近年来生态休闲旅游的逐渐升温，康养呈现蓬勃发展的态势，人们对康养的诉求也大幅增加，氧含量丰富、强肺健体的森林旅游势必会成为旅游目的地和旅游区的加分项。洛阳镇可以充分利用毗邻天井山林场的优势，与天井山国家森林公园联合打造国家公园特色小镇（入口社区），充分发挥气候、生态、环境、文化等方面的资源优势，发展森林养生、森林康养、森林体验、自然教育、户外运动、森林步道等新业态，加快发展旅居养老产业，打造面向大湾区乃至全国的旅居康养胜地，重点打造康养特色小镇。

堪称“天然氧吧”的优质空气和自然山水是天井山林场发展健康养生养老产业的天然优越条件，其具有比较完善的基础设施。目前，林场区域建筑面积 5 万多平方米，有可供住宿、餐饮的三星级酒店云锦山庄，有天井山自然科学馆、健身房、体育馆，还有户外拓展基地、生态长廊景区等可供休闲、娱乐，有森林康养步道和林业科技示范园区可供身心疗养等，这些为森林康养和研学旅游发展提供了基础条件。洛阳镇打造了 4 600 平方米的茶文化广场，并配套茶文化体验馆、文化书屋、停车场、户外健身设施等，建成了茶旅小镇交易中心，开通了农特产品的电商快运专线，建成 800 米长贯穿镇区的亲水观光碧道，拓展亲近自然、尽享慢生活的空间。如果将镇区和天井山游客中心通过 4 公里左右的步道加以连接，将为骑行、跑步等相关户外娱乐活动提供服务。

洛阳镇可以充分整合山水生态优势资源，强化“健康养生养老+”思维，通过招商引资，采取租赁、入股等方式集中市属国有林场资源资产并开展整体运营，建立一批森林康养基地、森林人家，依托大数据和互联网，促进线上线下融合发展，打造“互联网+森林康养”“互联网+森林旅游”，推进森林康养和森林旅游产业发展。在此基础上，在南岭国家公园周边毗邻地区建成一批各具特色的健康养生养老示范基地，与国家公园特色小镇（入口社区）形成联动效应。具体可有三种模式：一是着力发展“汤养型”产业，依托国家公园特色小镇周边丽宫、蓝山源、南水湖温泉等自然资源特色，突出山水文化和养生文化，打造融温泉养生、文化旅游、生态休闲为一体的新品牌，加快推动养老综合示范社区项目，建成休闲栖地、度假胜地、养生瑞地、养老福地。二是发展旅养产业，充分利用自然山水、原生态古村落、特色小镇等旅游资源，谋划一批特色避暑度假区块，开发建设避暑度假基地，成为回归自然的生态空间和放松身心的生态休闲养生旅游目的地。三是发展文养产业，韶关历史悠久，人文鼎盛，文化建筑遗存众多，禅宗文化全国知名，中医中药养生养老极具潜力。

促进康养产业的可持续发展，需要市级层面的相关支持：①加快编制市级《生态养老产业发展规划》，全面谋划健康养生养老产业发展的目标内容和具体举措，为健康养生养老产业发展指明方向。②完善市级扶持政策组合，健全养生养老配套服务体系。争取国家和省级支持，利用广东省和东北三省共同签署旅居养老合作框架协议和旅居养老产业合作机制逐渐形成的契机，将韶关市异地互动养老产业纳入养老统筹体系，构建异地养老机构资源共享平台，逐渐形成市际、省际旅居养老产业合作机制。完善信息咨询、安全保障、交通便捷、便民惠民、政务服务等公共服务体系，特别是加快建设便捷顺畅的旅游公路，为健康养生养老产业发展提供基础设施保障。设立健康产业引导基金，并利用市场机制推动金融机构和产业资本共同设立健康产业投资基金，为大健康产业发展提供资金保障，对健康产业优质项目在土地规划、市政配套、机构准入等方面给予政策扶持和倾斜，大力引进和培育一批健康养生养老产业专业人才。③致力特色小镇（国家公园入口社区）生态文明建设，加大专项生态系统保护规划的人力和物力投入，保障小镇生态系统稳步持续发展，为小镇的产业发展提供更好的保障，并借此机会扩大营销宣传，吸引更多的游客前来旅游，使当地村民能够感受到国家公园建设给当地发展带来的收益，让社会资本看到国家公园入口社区广阔的发展空间，从而带动更多的资金投入小镇，为小镇的经济发展注入全新动力。

发展生态旅游　拓展乡村产业新路

——以乳源瑶族自治县洛阳、东坪镇为例[①]

陈　悦

【摘　要】自广东省开展国家公园建设相关工作以来，韶关乳源县凭借其独特的自然文化基础，积极响应国家和省里的号召。通过落实“十个一工程”，乳源县在发展乡村生态旅游方面取得了一些突破性进展，但也存在旅游资源规划不足、资金投入受限、产业链未形成、附加值不高等问题。本文以乳源县下辖的洛阳、东坪两镇为例，为发展乳源生态旅游提出相关对策和建议。

【关键词】乳源瑶族自治县；生态旅游；国家公园

2018年以来，广东省积极开展国家公园建设相关工作。目前，广东省国家公园建设工作全面铺开。韶关是广东资源资产最丰富的地市之一。2021年3月，韶关市委书记王瑞军指出：“韶关要坚定践行习近平生态文明思想，认真贯彻中央和省关于生态产品价值实现等方面决策部署，坚持生态优先、绿色发展……打造践行绿水青山就是金山银山理念的韶关样板”，并提出要“加快把有价值的资源资产挖掘出来”。

为贯彻省委和市委的工作精神，乳源瑶族自治县以“十个一工程”为抓手，培育以健康产业为主体的生态产业体系，积极探索生态发展区发展新路。例如，洛阳镇和东坪镇积极落实“十个一工程”，乡村旅游取得了一定成效：东坪镇以“体育+旅游+文化”三产业为主，吸引以家庭

① 基金项目：广东省普通高校人文社科研究重点项目“加快粤北生态特别保护区建设面临的重要民生问题及应对策略研究”（编号：2018WZDXM018）。

为单位的人群来旅游健身，并鼓励社会资本或村民发展休闲观光旅游；洛阳镇正式设立了本镇的“圩日”，吸引游客到洛阳镇区游览参观和采购农产品。南岭国家公园建设以后，这里的客流量会大幅度增加。因此，本文拟针对本区域的资源和特色，结合公园分区模式，探究合理利用游憩展示区发展生态旅游的新思路。

一、洛阳镇和东坪镇发展旅游存在的困难

据调研所知，洛阳镇和东坪镇在旅游产业方面取得了一定效果，但也存在一些困境，制约了本区域的进一步发展。

（一）旅游资源缺乏有效规划

乳源瑶族自治县旅游资源丰富，洛阳镇和东坪镇有丰富多样的景点，从空间上来看，旅游点分布在镇域各地。例如，洛阳镇的主要景点天井山国家森林公园、天景山仙人桥风景区以及正在兴建的正觉寺，分别位于镇中心的北面、南面和西面；东坪镇的南水湖湿地科学馆、南水湖国家湿地公园及西京古道（梯云岭段）散布在整个南水水库的周边。但是，这些旅游点缺乏空间上、功能上的有机规划与整合，尚未形成区域优势线路，各景点之间也没有直达的班车以及明确的交通指引。

（二）景点设施不利于产业链形成

洛阳镇和东坪镇各旅游点的吃、住、行、游、购、娱等“六要素”并不协调。调研发现，作为旅游消费的景区，相应配套的游览设施不全，附近只能见到零星的几个摊位，摆卖着零食和一些瑶族特色刺绣，可供住宿的农庄或旅店也不多，不能带动游客的消费欲望，因而减少了游客游憩的时间，当然也就难以促进景区周边的经济发展（如图 1 所示）。另外，部分景点由于前期建设太少，基础设施比较陈旧，公共服务不足，品质也有待提升。

（三）旅游产业资金投入受限

过去有观点认为，乡村旅游业具有“低投入、高产出”“见效快”的特点。然而，这种观点正在慢慢得到修正。有学者指出，现代旅游开发需要大量的资金投入，旅游项目的建设周期和收益回报也相对较长。[2]

洛阳镇和东坪镇的旅游开发主要是以政府开发为主、企业参与为辅，但地方财政收入来源有限。因此，亟需争取上级政府部门的政策支持和资金投入，努力为当地的旅游开发创造良好的环境。在民间企业方面，资金问题依然明显。以南水温泉度假村为例，该度假村位于东坪镇，其水质属碳酸钠型苏打温泉，富含氟、锌、镁、铁等多种对人体有益的微量元素。1992 年 11 月，由港商投资兴建，总建筑面积 6 000 多平方米，建有别墅、标准客房多座，床位 108 个，温泉水直达浴室。由于后续资金等因素制约，度假村 30 多年来基础设施未能改善，严重影响了客流量（如图 2、图 3 所示）。

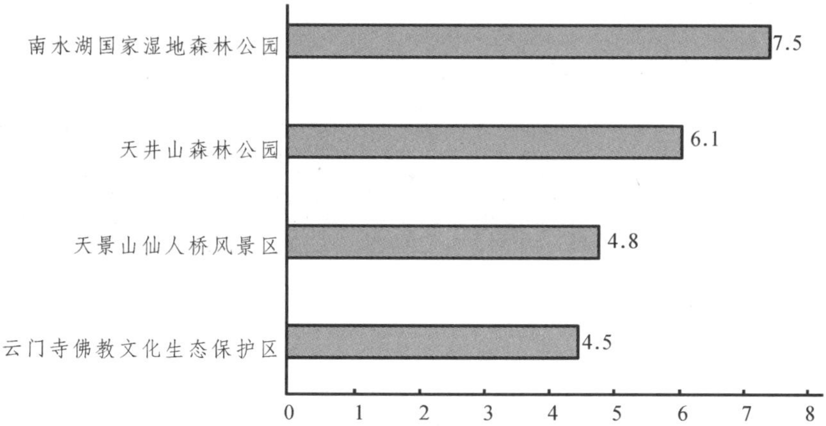

图 1　2020 年“十一”期间两镇各景区游客停留时间（小时）

图 2　度假村内已经老化的告示牌

图 3　南水度假温泉游泳池

（四）产业链附加值不高

政府虽然在大力推进农业与旅游产业融合发展方面提供了相应的政策支持，着力打造茶旅小镇以及瑶文化旅游，但这两方面都遇到了瓶颈。第一，茶旅产业品牌和规模优势不明显。目前有影响力的茶叶品牌主要有“瑶山王”“华瑶”，其余茶叶品牌在目前茶叶行业竞争激烈的情况下，竞争力并不强。全县茶叶企业不少，但企业主要还是各打各的品牌，没有整合资源抱团发展，分散了资源和力量，而且很可能引起恶性竞争，造成内耗。第二，瑶族文化符号挖掘流于表面。瑶族文化旅游开发产业目前仍处于初级阶段，大部分村落虽然具有原生态优势，但文化元素不够集聚，基础设施薄弱，无法为游客提供便利、舒适的旅游体验，也无法更好地传播瑶族旅游文化。正如有的研究指出，乳源每年举办的“盘王节”，对于宣传乳源“过山瑶”文化而言，非常有价值，但从游客体验角度看，因内容参与性不强，体验感差，节日过后旅游内容几乎都与盘王无关。[3]可见，两镇旅游产业的附加值现状难以为其带来高端的旅游消费。

（五）当地人才严重不足

旅游业作为第三产业，其发展需要吸纳一定的当地劳动力作为从业人员，但洛阳镇和东坪镇出现了一定程度的人口空心化现象。不少村的常住人口只有户籍人口的三分之一甚至更少（如表 1、表 2 所示）。调查发现，洛阳镇和东坪镇由于缺乏必要的教育设施，镇中没有小学和中学，大部分年轻人为了孩子的教育，选择离开家乡，到县城或者外地谋生，而留在村中的又多为老、弱、妇、幼等，他们文化水平相对较低，工作和学习能力较弱。

表 1　洛阳镇各村人口情况（统计日期：2020 年 12 月 31 日）[4]

村委会	村小组数	民房数量（栋）	户籍人口数（人）	常住人口数（人）
洛阳村委会	6	190	948	193
坪溪村委会	7	286	1 409	263
田螺坑村委会	7	185	655	236
深洞村委会	9	295	1 134	466
合计	29	936	3 627	1 158

表 2　东坪镇各村人口情况（统计日期：2020 年 12 月 31 日）[5]

村委	户籍人口	常住户数	常住人口
龙湖	306	43	53
汤盆	501	81	146
梯下	625	105	479
龙溪	1 253	128	845
新村	1 926	493	2 003
东田	1 823	353	1 396
南水	1 106	130	300
茶坪	1 727	389	1 600
下寨	1 373	25	128
方武	944	153	820
长溪	1 630	118	386
合计	13 214	2 018	8 156

然而，要在国家公园建设区发展茶旅游、研学旅游产业，需要从业人员有更高的素质，其中包括掌握相关知识和技能，目前尤其匮乏茶叶科技人才和文化旅游人才，这影响了相关产业品牌的打造和挖掘。

（六）旅游信息提供不到位

据相关数据统计，2020 年“十一”假日期间（已进入疫情防控常态化期间），乳源瑶族自治县接待游客 46.882 7 万人次，其中省内游客占比 87.1%，省外游客占比 12.9%。[6]从此数据来看，包括两镇在内的瑶族自治县，游客来源地主要以本市和临近城市的游客为主（如图 4、图 5 所示）。

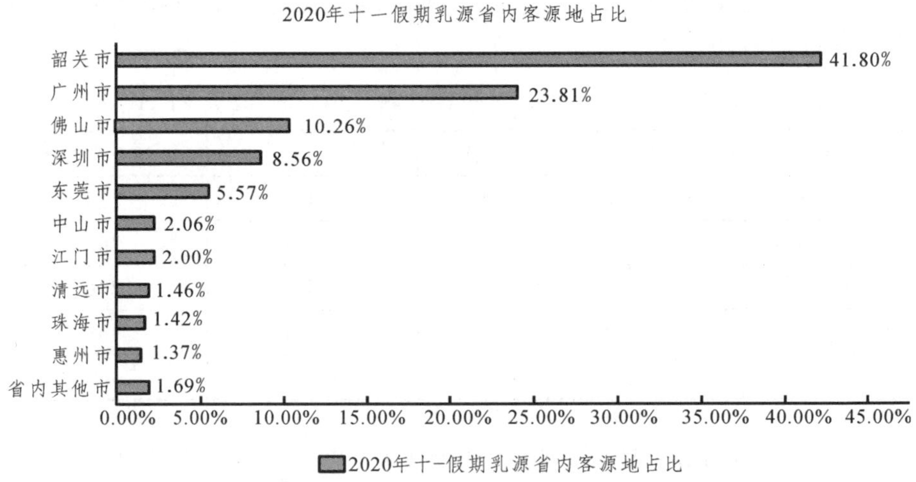

图 4　2020 年“十一”假期乳源省内客源地占比

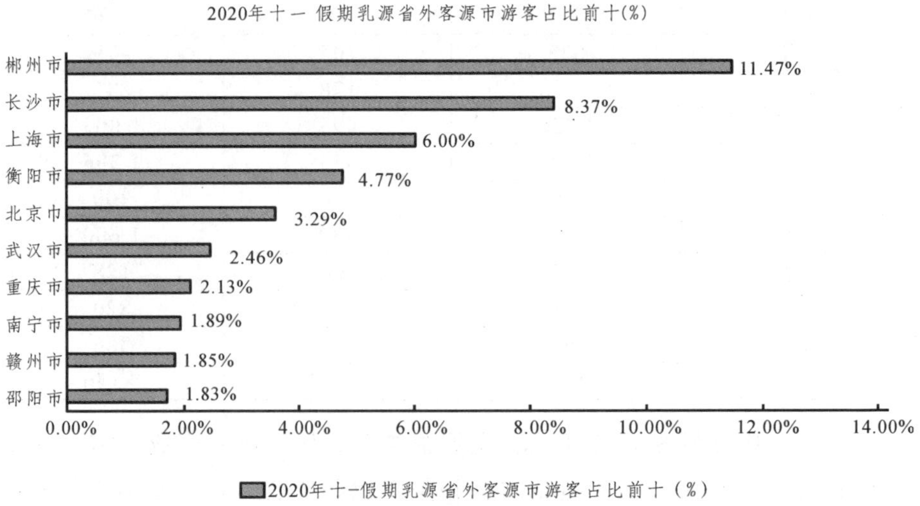

图 5　2020 年“十一”假期乳源省外客源市游客占比前十

这从侧面反映了两镇乃至整个乳源瑶族自治县的旅游宣传不够，其影响力局限在当地及周边区域。据调查，目前，两镇的旅游点多是通过官网或者微信公众号等平台进行宣传，游客在进行选择时仅能够依靠官网的少量信息介绍以及不够全面的评价。很多评价都带有主观因素，不能为游客提供全面的参考信息。

二、发展生态旅游的主要对策与建议

据调研，洛阳镇和东坪镇旅游资源十分丰富且有特色，因此，我们建议所涉区域充分利用南岭国家公园建设的大好时机，深入挖掘本土资源，在保护生态环境的前提下，大力开发以自然和人文为主要景观的旅游业，以生态旅游助力乡村振兴。

（一）发展全域智慧旅游

首先，对于洛阳镇和东坪镇来说，要从空间上整合旅游资源、优化服务配置，从产业上促进产业融合，从机制上构建大旅游综合管理体制，从格局上实现全民共建共享。全域旅游不再停留在景区、酒店服务配置上，应更加注重社会各类资源和公共服务的重新整合再配置。旅游资源全域优化后，能形成处处皆是景、处处皆可游的游憩氛围，满足游客游览和休闲娱乐等多方面需求。

其次，要强化基础设施建设，利用南岭国家公园门户小镇建设全面配置“吃、住、行、娱、购”等设施，增强游客的归属感，增加旅客的停留时间。在建设过程中，可以利用智慧技术为游客提供旅游点的相关信息和向导，使他们能够更好地安排行程与活动计划。具体可以围绕以下几点展开。

第一，加快信息化基础设施建设，实现区域网络全覆盖，提升区域通信能力，建设智慧游客服务中心，提供智慧停车、智慧租赁、智能导览、二维码解说等服务，鼓励各主体积极参与信息平台建设，畅通相互之间的信息渠道。

第二，加强生态系统检测设施建设，以物联网技术以及大数据技术、云计算技术等为依托，建立和完善旅游过程中能源、水、电、网络等使用情况的记录和固体废弃物、污水的排放，以及空气质量等的监测系统。

第三，完善智慧化安全设施，依托物联网、人工智能等技术构建多元化安全预警设施，对国家公园及周边区域的自然灾害、社会安全事件、公共卫生事件、生态环境事件以及重大突发事故等进行监测和预警。

（二）开辟自然、人文研学旅游线路

国家公园兼具环境保护、科研、教育和游憩等社会文化功能，研学旅行在一定程度上能够实现教育功能，在价值实现方式上还应开展新的探索。

在这个过程中，国家公园的教育功能逐渐得到重视，越来越多的教育焦点，如科学知识普及、道德培养、地方文化认同塑造、野生动物保护等，会在教育实践中取得良好的效果。

目前乳源“云门山——世界过山瑶中小学研学实践教育基地”已入选全省首批中小学生研学实践教育基地。[6]毗邻教育基地的洛阳镇和东坪镇同时兼具优异的自然资源和人文资源，是开展研学旅行的极佳场所。建议以此为契机，深入挖掘“游+学”的发展模式，将南水湖湿地科学馆、天井山自然科学馆一并纳入研学教育基地中，同时开辟自然、人文研学旅游两条线路。

1. 线路一

天井山国家森林公园和南水湖国家湿地公园分别坐落在洛阳镇和东坪镇。据统计，洛阳镇和东坪镇拥有数量可观的珍贵野生植物，其中国家I级重点保护野生植物2种、国家II级重点保护野生植物5种（见表3）。同时，洛阳镇和东坪镇拥有23种国家野生保护动物，其中国家I级重点保护野生动物5种，国家II级重点保护野生动物18种（见表4）。

表3　洛阳、东坪两镇的国家重点保护野生植物种类

名称	学名	分布区域	国家重点保护野生植物等级
伯乐树	*Bretschneidera sinensis*	洛阳镇	I级
南方红豆杉	*Taxus wallichiana var. mairei*	洛阳镇	I级
福建柏	*Fokienia hodginsii*	洛阳镇	II级
华南五针松（广东松）	*Pinus kwangtungensis*	洛阳镇	II级
金毛狗	*Cibotium barometz*	东坪镇	II级
喜树	*Camptotheca acuminata*	东坪镇	II级
樟	*Cinnamomum camphora*	东坪镇	II级

表 4　洛阳、东坪两镇的国家重点保护野生动物种类

名称	学名	分布区域	国家重点保护野生动物等级
黄腹角雉	*Tragopan caboti*	洛阳镇	Ⅰ级
豺	*Cuon alpinus*	东坪镇	Ⅰ级
大灵猫	*Viverra zibetha*	东坪镇	Ⅰ级
小灵猫	*Viverricula indica*	东坪镇	Ⅰ级
林麝	*Moschus berezovskii*	东坪镇	Ⅰ级
白鹇	*Artocarpus hypargyreus Hance*	洛阳镇	Ⅱ级
短尾猴	*Michelia odora*	洛阳镇	Ⅱ级
黑熊	*Ametotaxus argotaenia*	洛阳镇	Ⅱ级
斑头鸺鹠	*Glaucidium cuculoides*	东坪镇	Ⅱ级
苍鹰	*Accipiter gentilis*	东坪镇	Ⅱ级
草鸮	*Tyto longimembris*	东坪镇	Ⅱ级
赤腹鹰	*Accipiter soloensis*	东坪镇	Ⅱ级
地龟	*Geoemyda spengleri*	东坪镇	Ⅱ级
褐翅鸦鹃	*Centropus sinensis*	东坪镇	Ⅱ级
黑翅鸢	*Elanus caeruleus*	东坪镇	Ⅱ级
黄嘴角鸮	*Otus spilocephalus*	东坪镇	Ⅱ级
蟒蛇	*Python bivittatus*	东坪镇	Ⅱ级
平胸龟	*Platysternon megacephalum*	东坪镇	Ⅱ级
日本松雀鹰	*Accipiter gularis*	东坪镇	Ⅱ级
三线闭壳龟	*Cuora trifasciata*	东坪镇	Ⅱ级
水獭	*Lutra lutra*	东坪镇	Ⅱ级
小鸦鹃	*Centropus bengalensis*	东坪镇	Ⅱ级
鹰鸮	*Ninox scutulata*	东坪镇	Ⅱ级

森林被称为“地球之肺”，森林生态旅游方面可以围绕洛阳镇展开，以洛阳镇的天井山国家森林公园为范围，以自然科学馆为核心，以森林可持续发展为主题。可以在自然科学馆展示相关动植物标本或资料，采取灵活多样的教育手段，开展闻香识花、学食物链、生态造林、年轮趣读、病害识别、无痕山林、生态经济等研学主题，同时配以“树叶”剪纸、艺术绘画、原野树屋、丛林音乐等活动，提高研学主体的参与度，尽可能实现参与性、趣味性和知识性相统一。

湿地被称为“地球之肾”，湿地生态旅游可以围绕东坪镇展开，以东坪镇的南水湿地公园为范围，以南水湖湿地科学馆为核心，以湿地生态

系统为主题。在南水湖湿地科学馆，除了可以采取上文提及的研学方式，还可以向游客派发研学旅游手册，展示湿地的生态系统。由于研学旅游主体多为在校中小学生，工作人员在讲解时，可以结合其所学的知识，如区分岩石圈、水圈、生物圈，用湿度计和温度计测量湿地内部的温度、湿度并进行比较等。通过研学，让学生爱护湿地的一草一木、一花一叶，从身边的小事做起，培养热爱自然、保护环境的情怀。

2. 线路二

作为南粤古驿道的重要组成部分，西京古道于 2019 年 10 月被列入第八批全国重点文物保护单位。西京古道从南北贯通乳源，经大富桥上腊岭，到小梅关后折而走北，翻越县境西北部的崇山峻岭，到湖南的宜章，北上西京长安。其中梯云岭、腊岭段在东坪镇辖区之内，其中又以梯云岭段最为险要，既是乳源南北的分界岭，又是南北交通的咽喉要区，即古代所谓的“扼要之区”。古代文人无论是进京做官或应试，还是被贬南下任职或流放，只要经过岭南，都会走过西京古道的梯云岭段。例如，唐代大文学家韩愈被贬潮州就途经此段。古道沿线分布着古村落、石碑、石桥、古亭、祠堂等众多遗存。

对古道可以进行功能分区，进一步形成古道旅游带。在核心区，将西京古道纳入国家、省和市级文物的旅游资源加以保护，对重点青石板路、凉亭、驿铺、石桥等进行登记、造册，清理、整治，实行信息化录入等。在外围区，将西京古道沿线非文物遗产，特别是闲置的院落、古院址等进行适当的完善、布置、修缮，体现地方特色，充分发挥旅游价值。在边缘区，将距离古道 10 公里之内或车程 30 分钟之内的景区，同古道相连接，以古道为轴，将周边的景区串联起来，形成资源共享的局面，提升古道整体吸引力。

人们对古道的印象主要是基于书籍的记载、影视记录、口口相传等。在研学旅游过程中，要充分发挥学生的想象力，激发他们的学习积极性。例如，组织古道知识竞赛、摄像、写生以及古道微型模仿等，让学生参与其中，熟悉古道的历史，感受古道的魅力。

对西京古道的研学旅游开发，还可以通过“古道+”的形式，将古道与周边的旅游产品联系起来，丰富旅游产品类型，形成拾珠成串的效果，提升旅游产品整体的市场竞争力、知名度和美誉度，进一步丰富研学旅游内容（见图 6、图 7）。

图 6　西京古道梯云岭段的文物保护单位标识牌

图 7　西京古道梯云岭段

（三）打造“茶文化”旅游品牌

在茶旅方面，洛阳镇和东坪镇均有一定基础。例如，洛阳镇借助本地优势，目前已建成了“洛阳茶旅小镇”。该镇占地 4 672 平方米，并且配套茶文化体验馆、文化书屋等；目前已有农贸市场，吸引了天瑶、华瑶、瑶山王、深云翠、龙德生态、三山农场、富塘茶叶、膳福、粤凰等多家企业入驻，结束了“洛阳街没有一间茶铺”的历史；举办过“洛阳茶旅小镇”开圩活动，设立每周六为“圩日”，并开通农特产品的电商快运专线；800 米长的亲水观光碧道贯穿镇区，拓展了群众亲近自然、尽享慢生活的空间。但是，要想提升洛阳镇和东坪镇茶产业的知名度，还需要与地方特色文化深度融合（见图 8）。

图 8　洛阳镇“茶旅小镇”广场

第一，“茶”“禅”融合。深入挖掘茶文化与禅文化的通融点，让茶文化与禅文化在碰撞中焕发出生机与活力。在正觉寺附近可修建“禅茶博物馆”，借助丰富多彩的活动，让游客获得沏茶、赏茶、闻茶、饮茶、品茶的乐趣，同时也让他们感受“茶”“禅”的彼此交融。一方面，游客在品茶时领略“禅”文化。目前，作为禅宗南宗之一的沩仰宗祖庭正觉寺正在恢复遗迹，建议在佛寺设置相应展馆，通过利用实物雕像展板、立体动画与逼真影音等手段，突出禅宗和沩仰宗文化的特色。内容为古寺古塔建造的背景、过程以及修葺维护，旨在促进游览者对禅宗和沩仰宗文化的深刻感悟。另一方面，游客在品茶时参与“禅”活动。如游客在尊重宗教清规戒律的前提下，参与禅宗生活的体验，通过主体介入，领悟禅宗文化，如兴办素斋饮食、参加仪式典礼等。

第二，“茶”“瑶”融合。在品茶过程中，利用已有的瑶族文化活动，营造浓郁的“茶”“瑶”文化氛围。例如，穿插“铙钹舞”等舞蹈节目。该舞蹈是乳源瑶族传统舞蹈中最具代表性的舞种之一，动作语言形象典型，富有浓郁的民族生产生活气息，形象生动地还原和呈现了瑶族农耕稻作生产（如插秧、割禾、打谷、挑谷、穿牛鼻、牛顶头）、建屋盖房（如砍树、断木、锯木板、挖地基、砌墙）等劳动场面，人物形象栩栩如生，让观者置身于瑶民的生产劳作之中。[10]又如，以采茶戏、茶艺表演等文艺活动渗透在瑶族系列歌舞剧中，通过适当创新茶艺术表演，让视觉、听觉融入品茶的味觉，让品茶成为一种高品质、高境界的体验，让游客陶醉其中。

第三，“茶”“旅”一体。组建专门的茶叶科学和“茶禅”“茶瑶”文化研究机构，开展茶文化学术研究，编纂茶文化研究成果，邀请茶文化专家到场演讲，定期举办诸如“座谈会”“茶文化沙龙”“茶禅文化节”“茶瑶文化节”等文化交流活动，塑造更高层次的茶品牌，形成“茶禅融合、茶瑶融合、茶旅一体”的产业链。

（四）突出少数民族风情游

目前，乳源共有 21 项非遗项目，其中“瑶族盘王节”“瑶族刺绣”“瑶族民歌”被列入国家级代表性项目名录，“乳源瑶族服饰”“瑶族双朝节”“瑶族苦爽酒酿造技艺”被列入省级名录，“瑶族传统医药”“西京古道石阶除道”“圣祖祭”和“契娭生日”等 6 项被列为市级非物质文化遗产项目，还有“乳源过山瑶民间故事”“瑶族婚礼”“瑶族烟熏肉”以及“乳源过山瑶传统狩猎”等 9 项为县级项目。这些非物质文化遗产是乳源重要的人文支撑，也是区域经济发展的宝贵资源。

从洛阳镇和东坪镇的情况来看，两镇政府非常重视瑶族文化传统的发展与传承。以东坪镇为例，其中瑶族人口占全镇总人口的 54.57%。2020 年，东坪镇政府在农房风貌上突出“梧桐树”“布谷鸟”和“莲花”等民族元素，打造独具特色的“瑶家民居”。如前所述，瑶族文化旅游还存在文化符号挖掘不深、游客参与体验感不强等问题。因此，我们建议立足瑶族非遗文化，将保护与传承非遗作为旅游开发的核心导向，精心构筑瑶族非物质文化遗产旅游体验项目。

首先，政府要发挥导向作用。基层政府应从本地实际出发，创造性地解决洛阳镇和东坪镇出现的新情况、新问题，实事求是地制订发展规划，千方百计落实各项少数民族政策，切实提供资金和技术支持，不断强化和建设基础设施，引领少数民族乡村走向振兴之路。[11]

其次，洛阳镇和东坪镇可尝试建设“过山瑶”主题化酒店或瑶文化庄园。可将主题酒店或文化庄园进行个性化设计，在“过山瑶”或瑶文化主题确定之后，应围绕主题进行建筑布局和艺术化处理，既要突出瑶文化主题，也要体现瑶族价值观念和生活习俗；既要构成总体协调，也能关照游客的多维体验。除此之外，还可以与其他本土资源相结合，如通过招商引资建设“过山瑶”茶文化庄园，体现本区域民族特色。

再次，目前，乳源已经建成“世界过山瑶”博物馆、瑶族风情园、盘王节等瑶文化品牌，洛阳镇和东坪镇应该充分利用这一条件，尤其是东坪镇可在现有基础上进一步挖掘瑶文化内涵，围绕“过山瑶”的名称由来、迁徙渊源、民俗传说、地区分布、居住形式、民族服饰、文化特色等内容，凸显“过山瑶”文化精髓和民族风情，推出新的瑶文化夜间表演舞剧，填补游客在乳源夜间旅游休闲的空白，形成乳源旅游新的消费增长点。

最后，瑶文化是乳源的特色和名牌，可以融合各种特色产业或项目，大力发展“瑶文化+”品牌。如瑶文化+十月朝节庆、瑶文化+休闲度假、瑶文化+康疗养生、瑶文化+体育、瑶文化+农特产品等，以促进乳源非遗文化更好地传承和发展。总之，运用互联网、手机 APP、人工智能、AI 等现代先进技术，推进非遗文化与科技融合，让瑶文化旅游产业走得更远。

（五）展示南岭农业观光游

洛阳镇和东坪镇下辖的乡村目前仍然保留了不少传统的农业生产方式，除了可以将自然风光、历史遗迹、茶文化和民族风情作为看点之外，农村的生产性景观也可以作为旅游观光的好去处。农业观光旅游可以为游客（尤其是珠三角城市群居民）提供亲近自然、休闲放松的场所，同时在增加村民收入、改善村容村貌方面也有不可替代的作用。

一般来说，农业观光旅游主要包括农业作物景观、农业活动景观和农业设施景观 3 种。[12]在南岭国家公园周边山村，农业作物景观观赏，主要观赏作物的花、茎、叶、果等器官的色彩和形态并品尝农作物。农业活动景观作为非物质化元素，源自生产活动，是农业耕作经验的艺术化体现，连接人、作物与设施，包含农事活动，主要观察和体验农业生产过程中需进行的选种、耕地、播种、育苗、灌溉、施肥、中耕、除草、修剪、收获及贮藏等行为。农业设施景观的观赏对象主要是生产者创造的生产设施和工具，包括水渠、堤坝、水井、水车、风车、棚架、栅栏等设施，犁、锄、锹、斗笠和蓑衣等是用于耕作、运输、储存和防护的生产工具。

农业观光旅游以农作物生长为基础，季节性是制约其发展的重要因素。因此，根据洛阳镇和东坪镇的农业景观特色，应该合理安排观景时序，多样搭配并保证四季有景。在春季，可以安排作物景观观赏，如看梅花、桃花，同时也观赏农业活动景观和农业设施，如参观茶农们采摘茶叶的过程，跟踪茶叶加工流水线，了解茶叶烘焙的过程与工艺等。在夏天，可以品尝高山蔬菜，在南水水库钓鱼和露天烧烤，并可参观和体验同期举办的体育赛事，如广东省环南水水库自行车公开赛等。在秋季，可以开展摘果品果、农民丰收节活动，或者入村体验乡村景观。而冬季则可以入住南水湖温泉度假村，让游客充分享受泡温泉的舒适。此外，要形成常态化旅游，还需要注重季节调控，尽量消除生长周期带来的影响。例如，在农作物观赏采摘盛期，通过形式多样的旅游活动可提高游玩度，聚拢更多人气，塑造良好口碑；通过分期播种、品种搭配和茬口搭配延长作物的观赏时间或收获时间，增加各季的观光类和采摘类旅游活动，达到稳定客流量、提高游客黏性的效果。

（六）强化旅游人才培养与引进

村民既是乡村旅游发展最紧密的利益相关者，也是旅游资源最有力的开发者，这是当地居民对乡村资源做出的最深刻诠释和解读。洛阳镇和东坪镇丰富的旅游资源有待于开发，因此需要政府或相关部门组织培训、开设学习班或专题讲座等方式，切实提高村民的内在素质和管理技能，充分利用本地资源，不断提升经营水平和致富能力。

培养本土人才的同时也需要引进人才。韶关学院开办了旅游管理本科专业，主要课程有旅游经济学、旅游法规、导游业务、旅行社管理、酒店管理、旅游景区管理、会展组织与管理、旅游市场营销学、旅游商务英语、旅游心理学等，培养的是旅游服务与经营管理应用型人才，其完全能胜任乡村旅游发展规划、旅游管理、营销策划等工作。乳源瑶族自治县和镇政府可以创新机制，积极引进优秀人才，助力乡村旅游业发展。

根据教育部 2018 年关于在全国普通高校建设约 100 个中华优秀传统

文化传承基地的决定，乳源瑶族自治县政府可以与当地高校联合申办优秀文化传承基地项目，推进民族文化进校园工作，让瑶绣文化作为一门选修课进入韶关学院相关专业，为开展瑶文化旅游服务培养志愿者。

（七）利用互联网+助力民宿营销与推广

旅游业中的电子商务在很大程度上改变了游客的消费需求，也改变了旅游业传统的营销模式。现代旅游行业中旅游电子商务是目前旅游行业发展的主要方向之一，而网络营销也成为企业之间竞争的强有力手段。目前洛阳镇和东坪镇虽然有一定的网络搜索量，但总体而言，两镇主要景点搜索量仍然比较低（如图 9 所示）。洛阳镇和东坪镇已经在去哪儿网、携程网等旅游网站投放了一定的网络旅游景点介绍和宣传，但以既有的方式加大宣传力度所带来的增长空间还不够。建议通过加大景点附近民宿的营销投入，提高网络流量，从而增加客流量。

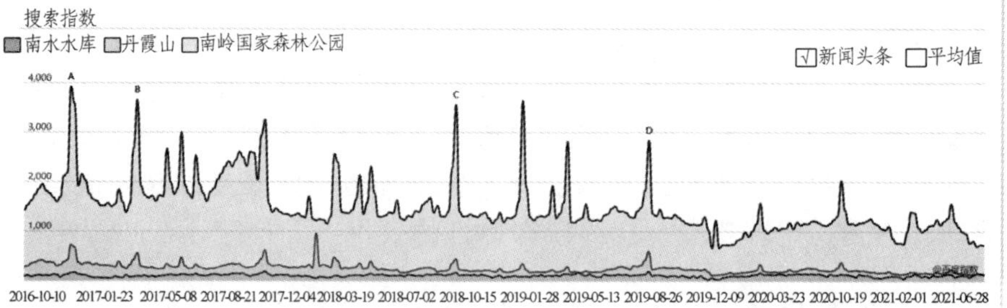

图 9　两镇主要景点 2016—2021 年的百度指数（与丹霞山做对比）

位于洛阳镇和东坪镇两镇的旅游景点可以通过电商平台，向目标群体传递营销信息。部分网络平台，可以通过搜索竞价的方式，无须烦琐搜索与挑选，精确向潜在用户推送营销信息。这种推销方式的优点在于只有网络游客点击了相关推送，平台才收取一定的广告费用，单纯展示是不计费的。这样可以实现营销信息的精确投送，又不用负担过高的额外广告费用。实现民宿精准推广，为民宿获取更多流量。

与此同时，商家还可以多管齐下，在不同的主要社交网络平台对民宿进行推广，将编辑好的广告，甚至游览住宿体验，以图文并茂的形式通过推文、新闻等方式展出，增加民宿旅游吸引力，为民宿招徕游客。

最后，建立民宿集中管理平台，打造民宿信息数据库，收集整合镇域有资质的民宿信息，按不同消费档次、地理位置或顾客满意度等因素对登记民宿进行分类与排名，方便游客搜索，为游客提供一条龙服务。通过线上线下手段相结合，将两镇民宿特色更加全面地推介给游客，并利用高质量服务，进一步提升民宿的知名度。

注 释

[1] 沈萍，温士贤．旅游开发中的多元主体与利益博弈：粤北 Y 村个案研究[J]．北方民族大学学报，2021（4）：54-60.

[2] 隋春花，陈月洁，李清．粤北地区乳源瑶族文化旅游价值及其开发研究[J]．边疆经济与文化，2021（5）：75-78.

[3] 数据来源：由洛阳镇镇政府提供.

[4] 数据来源：由东坪镇镇政府提供.

[5] 2020 年乳源瑶族自治县“十一”假日旅游大数据报告.

[6] 资料来源：乳源瑶族自治县政府信息公开网．韶关市乳源瑶族自治县文化广电旅游体育局．http：//www. ruyuan. gov. cn/sgrywgj/gkmlpt/content/1/1839/post_1839341. html#6327.

[7] [8] 数据来源：粤北生态特别保护区总体规划（2019—2028 年）.

[9] 赵勇，张跃馨．粤北瑶族舞蹈元素研究——以乳源“铙钹舞”为例[J]．星海音乐学院学报，2018（4）：137-148.

[10] 习近平在全国民族团结进步表彰大会上的讲话（全文）http：//www. xinhuanet. com//2019-09/27/c_1125049000.htm.

[11] 刘轩，孙新旺，王浩．体验视角下季节性乡村旅游景区生产性景观营造：以兴化千垛景区为例［J］．南京林业大学学报（人文社会科学版），2017（2）：116-125.

创新多元补偿机制　破解保护与发展困境
——以乳源瑶族自治县洛阳、东坪镇为例[①]

周新成

【摘　要】针对南岭国家公园生态补偿与生态产业发展等问题，我们以乳源瑶族自治县的洛阳、东坪两镇为例进行了详细调研，发现环境保护与当地村民经济发展产生了新的问题，在实践中生态保护工作难度较大，在生态补偿政策的实施中相关矛盾进一步突出，村民对生态保护的政策与生态补偿办法有了更多的诉求与建议，亟需相关部门从实际出发，创新发展理念，防范与化解生态补偿诸多基层矛盾。

【关键词】生态保护；南岭国家公园；多元生态补偿

健全与完善生态补偿机制是南岭国家公园建设中保护与发展不可缺少的重要手段，也是防范与化解环境保护过程中诸多基层矛盾的关键。在过去粤北主体功能区与生态特别保护区的规划建设实践中，韶关市委、市政府在生态保护与生态补偿等方面积极争取省财政逐年加大对韶关市生态补偿转移支付力度，同时不断创新思路，施行具有可操作性的制度，持续开展生态保护区的生态补偿建设，强力促进区域生态优势转化为经济发展优势，在高水平保护中实现高质量发展。为了进一步加大生态保护力度，南岭国家公园建设实施更为严厉的限制措施和保护政策，实行分区管控，核心保护区内禁止人为活动，一般控制区内限制人的活动。核心保护区内的居民实施有序搬迁，对暂时不能搬迁的，可以设立过渡期，允许开展必要的、基本的生产活动，但不能再扩大发展。但是，环

① 基金项目：本文系韶关市哲学社会科学规划课题（W2022002）“习近平生态文明思想在韶关的实践”（党史特别委托项目）阶段性成果。

境保护与当地村民经济发展产生了新的问题，生态保护区的森林、河流、耕地等生态系统，其补偿涉及的利益关系复杂，生态补偿资金计算还没有形成标准的机会成本核算制度，所产生的经济效益和社会效益暂时还没有统一的成本计算方法，这是生态补偿机制的一个重大缺陷。因此，在实践中工作难度较大，在实施中矛盾进一步突出，村民对生态保护的政策与生态补偿办法有了更多的诉求与建议，亟需相关部门从实际出发，创新发展理念，防范与化解矛盾。

（一）南岭国家公园建设面临的生态保护与补偿问题

1. 南水水库水资源得到保护，但产业补偿不足

南水水库是广东省饮用水源一级保护区，库区面积 57 000 亩，是广东省第三大人工水库，也是国家湿地公园，物种丰富，植被类型多样，共有植物 983 种，其中国家级珍稀保护植物 9 种。南水水库水资源还是韶关市区、乳源瑶族自治县及南水河下游地区最重要的饮用水源，周边水源区域实施了一级水资源保护政策与措施。课题组数次深入东坪镇调研，该镇自然资源丰富，森林覆盖率高达 92.9%，境内南水水库库容 12.81 亿立方米，是韶关市城市用水一级使用水源，具有先天的发展优势。近年来，东坪镇根据相关法律法规与乳源瑶族自治县人民政府《关于南水水库水域禁止"三无"船舶和环境污染防治的公告》，对南水水库水资源实施了如下保护措施。

（1）南水水库网箱清理整治工作。该项目是中央环保部挂牌督办的工作，东坪镇已在 2018 年全面完成了南水水库网箱清理整治。此次南水水库周边网箱清理行动中，共有 138 户养殖户签订自行拆除网箱协议，收购网箱存鱼 120 多万斤，处置清拆养殖网箱 125 416.63 平方米，发放网箱存鱼收购处置资金 2 034 万多元。

（2）南水水库周边农家乐清理整治工作。依法关停农家乐 51 家，共清理拆除经营广告和搭建大棚面积 1.3 万平方米，清拆建（搭）筑物 2 593.9 平方米，回收餐饮经营物品 12 497 件，发放业主补助 653.75 万元。

（3）大型禽畜养殖场清理整治工作。完成清理畜禽养殖场 12 家（其中羊场 9 家、鸡场 2 家、猪场 1 家），拆除栏舍总面积 3 767.456 平方米，搬离和销售羊共 1265 头、鸡共 6 575 羽、猪共 121 头（其中母猪 86 头），拆迁补偿总金额合计 280.848 3 万元。目前，12 家畜禽养殖场清拆补偿款共 280.848 3 万元，已从县财政列支的 300 万元补偿预算中全部完成支付。

（4）围绕“一瓶健康水”工程，加大南水水库周边环境整治力度，保护饮用水源。一是在清理库区所有大小经营船舶 120 多艘，令其全部上岸的基础上，积极配合有关部门联合开展南水水库库区的巡逻，大力推进安全生产工作。进一步做好南水水库“三无”船舶清理整治工作，成立了“三无”船舶清理整治工作专班，对“三无船只”进行摸底排查。[1] 加大相关法律法规的宣传，争取村民对法律法规的理解，尽快对所有船舶进行处理。二是加快推进南水水库水环境保护工程建设。南水水库水环境保护工程一期项目，完成建设隔离防护网 33.35 千米，界桩安装 1 500 个、界碑 15 个。修复南水水库受人类活动影响较大地区湖滨带 34.57 千米，总面积 86.47 公顷。二期工程，完成入库河口湿地建设 3 处（大坑、番长坑、小水角）、集雨区范围内自然村农村污水治理工程 34 个。乳源瑶族自治县在南水水库饮用水源保护工程已全面完工的基础上，加快消涨带保护与修复、入库河口湿地建设和集雨区农村污水治理工程。

乳源瑶族自治县东坪镇行政区域主要环绕南水水库分布。南水水库周边区域一级水资源保护政策与措施的实施，给本镇村民生产生活带来了很多损失，如拆除网箱、不能从事养殖场、农家乐以及湖面大小船舶的经营，限制了产业的发展，使村民转产经营难，无法发展大规模的特色产业；库区年龄偏大的劳动力再就业受到限制，村民生产生活可持续发展面临困境，引发了新的矛盾。

2. 生态公益林得到保护，但补偿标准偏低

受限于南水水库水源生态保护与南岭国家公园建设，生态公益林开发实施更为严厉的限制和保护政策，生态公益林区一草一木都不能随意采摘。环境保护与当地村民的经济发展矛盾突出，洛阳镇和东坪镇的村民对生态公益林补偿政策与办法有了更多的诉求与建议，政府在生态保护区实施的现有生态公益林的补偿政策与办法面临挑战。

（1）保护区生态公益林纳入粤北生态特别保护区与南岭国家公园建设体系后，对于保护区生态资源的管理要求更加严格，限制村民对森林资源利用的制度也更多，因此生态补偿引起的矛盾会更多。广东省从 2010 年起逐步统一实施省级以上生态公益林补偿标准，2020 年补偿标准为 35 元/亩，分区域差异化补偿标准为 10.1 元/亩，合计补偿标准为 45.1 元/亩，其中损失性补偿为 36.08 元/亩。对自留山、责任山，要将损失性补偿足额发放到林农手中；对集体统一经营的山林，要将损失性补偿的 70%以

上发放到林农手中。现有生态林补偿政策和办法与过去基本相同，虽然损失性补偿标准逐年提高（其中 2014 年为 18 元/亩、2015 年为 19.5 元/亩、2016 年为 21 元/亩、2017 年为 22.5 元/亩、2018 年为 24.975 元/亩、2019 年为 31.28 元/亩，2020 年生态公益林的补偿 35 元/亩），但保护区内和保护区外差异不大，所以在一定程度上村民认为保护区的存在并没有给他们带来任何效益，反而限制了他们的经济发展。例如，洛阳镇的深洞村，东坪镇梯下村、东田村等自然保护区的土地和林木实施禁止采伐、狩猎等法律和政策，使得“靠山吃山”的村民失去了主要经济来源，经济发展和生态保护的矛盾凸显。课题组调研洛阳镇深洞村时，村民反映生态公益林生态效益补偿标准与林木经济收益的差距较大，在低额补偿和生产经营限制的前提下，村级集体经济生态收益不明显，村级生态公益林保护劲头不足，村民对生态公益林资源保护的积极性不高。

（2）林下经济与南岭国家公园建设如何有机统一，是南岭国家公园建设面临的生态保护问题之一。小水电站是东坪镇多数行政村以及洛阳镇个别行政村村民的生存之本，东坪镇有 40 多座小水电站，因涉及南水水库保护区而全部关闭停止。

（3）保护区生态补偿机制不完善。一方面，政策规划与镇、村的实际情况不能完全一致。另一方面，现有补偿政策难以发挥应有的效用。如前所述，洛阳镇和东坪镇现有补偿政策标准太低，生态区村民的积极性难以充分调动。同时，由于国家在生态补偿立法方面没有跟上不同地域生态管理的进度，有针对性地解决生态领域出现的新问题的法律法规缺失。乳源瑶族自治县除了对生态移民有少量的生活资助和对个别行业有统一的政策扶持（如国家退耕还林政策）外，还没有专门扶持生态保护区发展与保护补偿的政策条文。

（4）生态保护区与南岭国家公园建设生态补偿涉及面广、难度大，同时，保护区内的森林生态系统、河流与水库生态系统的服务功能价值估算不清。例如，乳源瑶族自治县东坪镇水源保护区的发展机会成本损失，这是东坪镇较为客观的经济成本，也是该镇最基本的补偿限度，还有东坪镇水源保护区的其他费用成本，这是他们在维护水源地生态环境和为下游地区提供优质水源的间接付出，这两项都没有一个明确的成本核算清单。同时，补偿主体和客体没有完全明确。我国《水法》《水污染防治法》明确规定了“谁投资、谁受益，谁利用、谁保护，谁污染、谁治理”的原则，但生态保护区内的乳源瑶族自治县南水水库的保护原则难以落实。保护区内水库兼有提供生活用水、抗旱防洪、旅游和工农业生产等方面的功能和作用，开发利用的主体多，而承担水资源保护补偿成本的主体不明确，利用与保护的权责无法落实。

洛阳镇和东坪镇村民对于生态公益林补偿政策和办法反应较为强烈的有两点：第一，生态补偿标准偏低，比起珠三角地区每亩一百多元的损失性补偿有较大差距；第二，对于划入生态公益林的人工林，政府需要补偿合适的产量损失。

3. 野生动物侵农，但损害补偿制度缺失

随着生态保护力度的不断加强、人们环境保护意识的提高以及政府对环保问题的高度重视，保护区野猪、野兔、鸟类等野生动物数量不断增长，严重地干扰了当地村民正常的生产生活。保护区村民的庄稼常常受到野猪、野兔等野生动物的破坏，农户经济损失较大。而野猪、野兔、鸟类等都属于南岭国家公园保护动物，当地村民没有权力猎杀，只能驱赶。这部分经济损失的补偿主体不明确。

调研发现，洛阳镇深洞村等行政村，因野生动物侵农，有些地区种植业无法进行种植，原来部分优质水稻地现在也只能改种效益较低的竹子，每年野生动物会直接或间接带来不同程度的损害，而当前生态保护区野生动物损害的补偿政策与办法不明确。为了保护野生动物，维护当地村民的利益，地方政府与村民呼吁尽快建立野生动物损害赔偿制度。

（二）防范与化解生态补偿矛盾的新理念、新方式

目前，南岭国家公园建设生态补偿机制尚处于探索阶段，建立与完善生态保护区的森林、河流、耕地等生态系统的补偿机制，必须从政策制度层面以及具体构想、实际操作层面下功夫，促进生态保护区生态补偿走上法制化、规范化、科学化的轨道。

1. 建议基层政府出台生态补偿方案

按照广东省委十二届四次全会部署的“1+1+9”重点发展任务和广东省国土主体功能区规划的要求，根据国家生态补偿的相关理论以及广东和全国其他地区国家公园建设生态补偿的实践，南岭国家公园建设生态补偿机制遵循“谁供给、谁受益，谁受益、谁补偿，谁污染、谁治理，谁破坏、谁恢复”的基本原则，主要应以建立完善生态区生态补偿机制为主，以体现南岭国家公园建设的价值与意义。

乳源是少数民族自治县，可制定出台针对东坪镇水源保护区的自治条例或单行条例，即“乳源瑶族自治县生态补偿实施条例”，弥补生态补偿法律法规落实不到位的缺陷，为生态保护提供有力的制度保障，从而充分激发当地村民参与生态保护的热情。

乳源瑶族自治县要大力推动东坪镇水源保护区与受益地区建立良性合作机制。东坪镇水源保护区之所以长期没能和受益地区建立稳定的生态补偿机制，一个重要原因在于双方未达成合作共识，也未签订有效的补偿协议。就目前情况而言，东坪镇水源保护区若要逐步形成稳定的生态补偿体系，有必要逐步与乳源瑶族自治县、韶关市其他区县等受益地政府与企业建立良性合作机制，制定实施南水水库饮用水受益地生态补偿办法。

2. 推进林业生态补偿项目落到实处

一是严格执行生态公益林效益补偿机制，争取提高森林生态效益补偿标准；探索建立横向生态保护补偿机制，推动生态公益林所在地区和受益地区通过资金补偿、对口协作等方式建立补偿关系；严格落实生态公益林禁伐制度，实施林木禁伐，把好采伐审批关，推进生态公益林可持续发展。[2]二是落实保护区生态林直补政策。乳源瑶族自治县农村居民有相当一部分居住在东坪镇水源保护区沿线，这部分失地村民的收入保障需得到高度重视。东坪镇水源保护区素有“八山一水一分田”之称，林业曾经是当地的重要产业部门。为了更好地保护东坪镇水源保护区环境，乳源瑶族自治县政府实行封山育林，禁止砍伐。没有了林业采伐，周边居民失去了重要的收入来源。为增加失地村民收入，同时也为有效遏制盗砍盗伐等乱象，政府应加大对林业的补贴，弥补居民收入短板。为此，乳源瑶族自治县政府可积极争取上级有关部门的资金支持，把库区生态环境全部纳入全国生态公益林保护区，适当提高南水水库周边生态公益林的补助金额，并实行直补措施，确保补助资金落实到失地村民手中。三是提高每年一次的移民粮食差价补贴金额。随着人们生活水平和物价水平的提高，原定的移民粮食差价补贴标准也应相应提高。但是，目前东坪镇南水水库的移民粮差补贴仍然是 1996 年定的 36 元/百斤标准，与目前 250~320 元/百斤的市场相差 7~9 倍。[3]因此，韶关市、乳源瑶族自治县政府应该积极争取省政府的政策支持，适当提高移民粮食差价补贴。四是大力推动碳普惠经济发展。结合基层乡镇林业现状，要加大力度推动碳普惠经济发展，让广袤的林区变成村民创收的源泉。五是做好裸露土地整治。对范围内裸露土地尤其是破旧泥砖房拆后还未进行利用的土地进行核查，按照拆旧复垦和“四小园”建设意见，切实做好绿化或活化利用。

3. 引导扶持村民转产转业实现补偿

受制于南水水库一级水源保护区和生态公益林保护区生态红线，环境保护与当地村民的经济发展矛盾突出。洛阳镇和东坪镇政府积极向上建议，争取重新划定南水水库保护区，以对南水水库进行适当的开发和利用，同时通过外出务工和发展水果种植等产业，增加农民收入。[5]乳源瑶族自治县可借鉴我国其他水库湖区增殖渔业的成功经验，积极推动南水水库增殖渔业发展。增殖渔业是用人工方法直接向天然水域投放种苗或捕捞天然的受精卵、幼体或成体，同时采取适当的保护措施，使其自然种群得以恢复，再进行合理捕捞的渔业模式。几年前，乳源瑶族自治县畜牧水产技术推广中心联合国家水产部门、大专院校及技术指导单位对南水水库发展增殖渔业进行了研究，提供了可行性论证报告，但近年来由于南水水库全面实施禁养而不能得到实施。

在南水水库保护过程中，乳源瑶族自治县要以南水水库为重点，做足水的文章，探索水资源可持续利用和绿色生态补偿的经验和模式。为此，我们可以借鉴湖南省郴州市重要战略水源地东江湖绿色生态补偿的经验和模式。2013 年东江湖被纳入国家重点流域和水资源生态补偿试点、国家湖泊生态环境保护重点支持湖泊、湘江流域水生态补偿范围。湖南省助力郴州市建立“东江湖水生态修复实践基地”，开展“东江湖生态修复增殖放流”公益行活动，每年有数百万余尾鲤鱼、鳙鱼、三角鲂等具有净化水质功能的鱼苗被放流湖中。该绿色生态增殖渔业发展模式不仅净化和保护了水质，而且产出了高品质的东江水库野生鱼。

近年来，东坪镇在南水水库饮用水源地保护过程中，先后几次集中清理整治“三无”船舶，将湖面大小经营船舶 120 多艘全部拖离水库，禁止运营，导致部分涉事船主因补偿和转产转业问题，不愿意配合整治工作，使得全镇信访维稳压力增大。甚至少数船主与政府整治管理工作人员相互周旋，继续在湖面悄悄经营船舶。

通过调研湖南省郴州市重要战略水源地东江湖，我们认为其湖面经营船舶管理模式可以为南水水库船舶管理所借鉴。建议乳源瑶族自治县与东坪镇可以根据《韶关市南水水库水质保护条例》相关规定，按照“谁主管、谁负责、谁经营、谁负责”和坚持安全第一、预防污染为主，各负其责、服务民生的原则，针对库区的具体情况，制定一套乡镇船舶管理新机制，依法成立一个南水水库船舶经营管理组织，统一规范南水水库经营船舶管理，不能为了防范水资源污染而对南水水库经营船舶实行“一刀切”（禁止运营）。针对南水水库的实际情况，库区船舶经营可以实施如下管理方式：所有南水水库经营船舶加装船舶防污染生活污水储存柜，建设多套生活污水岸上处理系统，全部连接城市污水管网。油污收集船、污水收集船、垃圾打捞船常年在南水水库湖区巡回作业，保持水域清洁、航道畅通，确保船舶污染物收集、转运、处置顺畅，有效减少水资源保护区污染源的存在。

4. 建立完善野生动物损害赔偿机制

建立完善南岭国家公园保护区野生动物损害补偿制度，使其既有利于野生动物保护，也有利于维护当地村民的利益，这是南岭国家公园建设需要解决的问题。明确补偿义务主体，明确损害补偿的范围，丰富生态补偿的形式，完善补偿标准，补偿标准应该具体化。在实际的赔偿过程中，不能千篇一律地采用一种标准，应该具体情况具体分析，在国家标准的基础上建立乳源瑶族自治县野生动物损害赔偿的地方标准，建立一个以中央财政补偿为主、地方财政补偿为辅的补偿机制。补偿的幅度可根据致害动物的保护级别确定，如国家一级保护动物致害的应该赔偿80%或 90%以上；国家二级保护动物致害的补偿应在 70%或 80%以上；地方重点保护动物致害的，补偿标准由广东省制定，但不得低于一定幅度（如 60%）；一般野生动物致害的，应在 30%以上。洛阳镇和东坪镇目前主要是野猪、野兔、鸟类三种野生动物导致损害，补偿标准要按照三种野生动物的保护级别制定，同时还应考虑区域性和可行性原则，以广东省最低和最高经济水平为底线和上限。要促进保护者和受益者之间的良性互动，让受益者付费，让保护者得到合理补偿，调动全体村民保护野生动物的积极性。

野生动物保护带来的损失包括直接财产损失、间接财产损失和人身伤害的损失。洛阳镇深洞村等行政村要求，野生动物损害补偿不能限于经济上的补偿，从野生动物保护方面讲，生态补偿应当包括对那些因为所处特定保护环境或其他因素保护野生动物而受到的损失，或丧失发展机会的村民进行技术、实物上的补偿，政策上的优惠，以及为增进保护区环境保护意识和减少野生动物损害结果而进行的保护费用的支出。

5. 探索生态补偿成本核算体系

当前保护区的森林生态系统服务功能价值、河流与水库生态系统服务功能价值、耕地生态系统服务功能价值，因为实施南岭国家公园建设的补偿成本要认真调研，需要重新综合测算。探索保护区生态补偿核算体系事关补偿金额的评价和发放，是制定补偿标准的重要指标。当前，我国生态补偿核算体系主要通过“补偿主体的支付意愿和补偿客体的投入成本表现出来”。只有通过科学的核算方法，才能较为准确地计算出南岭国家公园保护区的生态补偿费用。

乳源瑶族自治县东坪镇水源保护区是南水水库的供水区域，受水区域目前主要是乳源与韶关市区，将其分为受益地补偿主体、受损地补偿客体两大类。其中受益地补偿主体划定范围为乳源与韶关市区，受损地补偿客体限定范围为东坪镇水源保护区。可以通过补偿主体的支付意愿、补偿客体的投入成本（包括发展机会成本、其他费用成本）进行计算，具体可从三个方面着手：补偿主体乳源与韶关市区的支付意愿、补偿客体东坪镇的发展机会成本、补偿客体东坪镇的其他费用成本。也可以考虑采用如下的数学统计方法。例如，第一类：水资源保护成本核算法，第二类：水资源保护损失核算法。东坪镇水源保护区生态补偿的标准也可以从生态损害修复成本进行核算。生态损害修复成本主要从生态系统服务价值的三个方面来评估和计算。首先，东坪镇投入了大量工作来维护南水水库水资源保护区，这一成本应计入到生态补偿范围当中。其次，出于对东坪镇水源保护区生态环境维护的需要，东坪镇关停了水资源保护区周边的许多企业，在实施这一工作过程中所花费的成本理应纳入核算当中。除此以外，东坪镇水源保护区在生态系统服务中显现了巨大的功能价值，如水土保持、气候调节等，通过科学方法将自然生态服务功能纳入其中，并进行科学的衡量和计算。

东坪镇水源保护区的生态补偿费用计算亟须一种科学的统计核算方法，而这个标准尺度应由供水区和受水区双方协商决定，通过合理的补偿额度，制定符合各方利益的补偿标准，从而探索出保护区生态补偿成本核算体系。

6. 完善多元生态补偿方式

目前乳源瑶族自治县生态公益林补偿和东坪镇水源保护区生态补偿主要来自中央和广东省的财政专项资金，因此，要继续加大中央和省级财政补贴，主要包括以国家或广东省政府为补偿主体，以南岭国家公园地方政府和居民为补偿对象，以转移支付、财政补贴、政策倾斜和人才技术投入等为手段的行政方式补偿。但是，中央和省政府的纵向财政转移支付的补偿毕竟是有限度的，很多时候并不能从根本上对生态公益林和东坪镇水源保护区进行全方位的生态补偿。因此，增加乳源瑶族自治县保护区生态补偿的方式显得十分必要，应该适当引入部分可行性的生态补偿方式，促使乳源瑶族自治县保护区生态补偿方式日益多元化。

（1）韶关市南水水库供水工程 2021 年 6 月正式运行后，韶关市区自来水成了以南水水库为主水源、以武江为辅助水源的双水源供水。由于南水水库水资源生态保护，自来水成本与供水成本都增加了，再加上受物价上涨和人工成本增加等因素的影响，为保证供水工程的良性运行和城市供水事业的可持续发展，促进节约用水，规范城镇供水价格，韶关市决定于 2021 年 8 月对市区自来水销售价格进行调整。韶关市政府要逐步建立以价格机制来优化配置水资源的市场补偿方式制度，通过提高供水市场价格来推动南水水库直饮水工程对水资源保护地区的市场补偿。

（2）目前南水水库还未有“南水水库水资源参股，水费利润分配”的红利政策，因此，在国家法律法规允许的前提下，可以借鉴市场化模式，逐步实施南水水库水资源参股，通过水费收取进行利润收益分配，还应拓宽乳源瑶族自治县东坪镇水源保护区生态补偿资金其他来源渠道。东坪镇可以积极争取水源保护区受益地的横向财政生态补偿资金。例如，南水水库饮用水受益地的政府、居民和企业可以将固定的财政收入和公司红利作为东坪镇水源保护区的生态补偿资金，以确保东坪镇水源保护区的生态维护工作得以顺利维持。

（3）建立南水水库水资源保护生态补偿捐助机构，接受来自社会的各种捐赠，发行生态补偿彩票等，从多方位进行资金筹措。当前东坪镇已经成立了南水库区慈善协会，可以通过这一平台积极宣传推广，为东坪镇水源保护区生态补偿吸引更多的社会慈善资金，实现生态补偿目标。还可争取国际社会资金等，筹集南岭国家公园保护区的补偿资金。

（4）乳源瑶族自治县政府可以按照“谁污染、谁付费”的原则，专门针对南水水库水资源保护实行责罚制度。如果生态环境局、林业局、东坪镇政府等部门在水源保护区工作落实过程中存在失职行为，可扣减相关负责人的绩效奖金，并将其绩效奖金收归到乳源瑶族自治县东坪镇水源保护区生态补偿资金平台。其次，乳源瑶族自治县对辖区内的重污染企业，可以实行高额征税，将这部分财政收入统一纳入生态补偿资金管理账户。最后，对以往不严格落实生态维护责任的受补偿组织和个人，收缴其生态补偿资金，可根据其具体违反情况，作出惩罚或通报批评，扣除其部分或全部补偿收益，并将资金重新归入东坪镇水源保护区生态环境恢复保护资金。

总体来看，南岭国家公园生态补偿必须建立长效补偿机制，并辅以生态保护区的管理保障措施，通过行政手段来配置生态补偿资源的行政机制和通过市场来配置生态补偿资源的市场机制。大力探索建立社会力量参与自然资源管理和生态保护的新模式，引导社会资金投入生态保护区建设，可将生态补偿分为资金补偿、实物补偿、政策补偿及智力补偿等方式。概言之，要有利于防范和化解保护与发展之间的矛盾，推动南岭国家公园建设和所涉区域实现乡村高质量发展。

注　释

[1] 东坪镇 2020 年工作总结.

[2] 蒋廷晟. 乳源瑶族自治县东坪镇水源保护区生态补偿研究[D]. 广东技术师范大学，2020（12）：81.

[3] 马振球：洛阳镇 2021 年工作规划.

设置“南岭驿站” 提供志愿服务
——以乳源瑶族自治县洛阳、东坪镇为例[①]

曾关秀

【摘　要】国家公园造福人民，同时也需要人人参与。志愿服务不仅是南岭国家公园建设的重要组成部分，也是南岭国家公园周边区域实现乡村振兴的有效途径。但目前南岭国家公园建设区志愿服务还存在明显缺陷，一方面，志愿者不能满足志愿服务的需要；另一方面志愿服务活动投入少且不规范。为打造南岭志愿服务新品牌，具体建议是：摸清家底，按需求设“南岭驿站”；拓宽视野，全方位招聘志愿者；重视素养，提升项目服务质量；科学管理，畅通志愿服务流程；挖掘本土资源，开辟多元化筹资渠道；创新激励机制，让志愿服务持续发展。

【关键词】国家公园；“南岭驿站”；志愿服务

与经营性公园不同，国家公园具有公益性、共享性。2017 年，中共中央办公厅、国务院办公厅印发的《建立国家公园体制总体方案》明确提出了国家公园建设的全民公益性理念，即要“坚持全民共享，着眼于提升生态系统服务功能，开展自然环境教育，为公众提供亲近自然、体验自然、了解自然以及作为国民福利的游憩机会”。根本目的就是保护自然生态系统的原真性、完整性，让广大人民享受到大自然的馈赠，拥有鸟语花香的美好家园，给子孙后代留下珍贵的自然遗产。这与我们党为人民服务的宗旨是完全一致的，因为良好生态环境是最公平的公共产品，

① 基金项目：广东省普通高校人文社科研究重点项目“加快粤北生态特别保护区建设面临的重要民生问题及应对策略研究”（编号：2018WZDXM018）。

是民生福祉。习近平总书记强调："生态环境是关系党的使命宗旨的重大政治问题，也是关系民生的重大社会问题"，并要求"大力推进生态文明建设，提供更多优质生态产品，不断满足人民群众日益增长的优美生态环境需要"。[1]

生态文明惠及广大民众，同时生态文明也需要人人参与，基层党组织担负着生态文明建设的重要使命，是贯彻落实党委决策部署的"最后一公里"。近年来，乳源瑶族自治县积极落实韶关市委决策和部署，努力"把各领域基层党组织建设成为实现党的领导的坚强战斗堡垒"，重视党员的"头雁"效应，开展了党员志愿服务活动。例如，东坪镇为了做好卫生管护，将每月的 15 日定为"党员义务劳动日"，由党员带头打扫全村卫生，村道则由全村共同维护，每 15 户轮流一次；洛阳镇通过党建引领，统筹多部门力量，开展"巧手迎新春'鼠'你最有味""爱不落单——'七彩曙光'关爱留守儿童志愿服务""帮助解决战疫一线工作人员'头'等大事志愿活动"等多场新时代文明实践活动，旨在把温暖送到群众心坎上，营造志愿服务氛围。据我们调研所知，南岭国家公园建设后，志愿服务不仅是南岭国家公园建设的重要组成部分，也是南岭国家公园周边区域实现乡村振兴的有效途径之一。因此，需要"健全志愿服务机制"[2]，"探索公益治理、社区治理、共同治理"[3]。

一、建设区志愿服务面临的不利因素

目前，洛阳镇和东坪镇镇域范围内不同主体组织了内容丰富的志愿服务活动，在环境保护、乡村发展及关爱弱势群体等方面发挥了重要作用，但从目前现状看，还存在明显的缺陷和不足，具体表现如下。

（一）志愿活动点设置零散

据调查，本区域线上线下均尚未建立统一的面向国家公园的志愿服务平台。在线上，韶关市虽有政府部门、企事业单位及民间慈善机构组织的志愿者机构，包括"韶关市浈江区志愿者联合会""韶关学院青年志愿者协会""韶关市乐善义工会""韶关市蜗牛公益互助会"等，但这些志愿服务机构的侧重点均有所不同。倘若将国家公园志愿服务项目挂靠在其中某个或几个平台上，在资源分散的情况下，肯定无法保证服务项目得到足够的关注和重视。在线下，以东坪镇为例，在该镇范围内的南水湖区有多处森林防火临时检查站，这里虽悬挂“志愿者服务驿站”的横幅，但平日处于无人看守状态，检查站只有在天气干旱的火灾高发期才启用（如图1所示）。这种情况即使在已经成为成熟景点的丹霞山也存在，即风景区有志愿者服务的牌子，但是站点依附于其他机构，极少作为志愿服务驿站使用，室内也难以见到志愿者的身影（如图2所示）。

图1　东坪镇南水湖库区挂靠在森林防火临时检查站的志愿者服务驿站

图2　丹霞山挂靠在售票处的志愿者服务站

（二）志愿服务人员匮乏

以东坪镇的南水水库为例，其规划总面积超过 6 000 公顷，主要业务由南水湖湿地公园管理处（以下简称“管理处”）承担，包括日常工作以及湿地公园水文、气候、社区共建共管等。根据调研得知，在节假日游客较多的情况下，管理处增加志愿者协助散发传单、劝散聚集在码头或湖边烧烤的游客等。其志愿者来源如下：第一，通过乳源瑶族自治县志愿者联合会进行志愿者招募，这是该公园志愿者最主要的来源；第二，通过广东省共青团牵头设立的“i 志愿”网络平台进行志愿者招募，但据了解，该平台效果欠佳；第三，通过机车协会等各种社团进行招募，但志愿者数量极不稳定。上述途径虽然能解燃眉之急，但仍然难以应对。尤其在节假日各村都需要人手时，县里的资源也常常捉襟见肘或顾此失彼。因此，倘若没有固定的志愿者合作队伍，一旦国家公园或各级部门需要志愿者，就无法保证志愿者数量。毫无疑问，仅靠外部组织的零星志愿者或村干部与村民自发的小范围志愿活动是远远不够的。

（三）志愿者服务技能欠缺

国家公园及周边村镇地处偏远，加上受资金的局限，无法提供有竞争力的条件吸引专业人员加入，因此，许多管理或服务事项只好不做或由有爱心的志愿者来完成。从现阶段了解的关于洛阳镇和东坪镇的志愿服务项目看，参加过志愿活动的村民基本没有参加过相关的专业培训，而机车协会等民间社团的志愿者属于临时招募，专业水平可想而知。据了解，乳源瑶族自治县志愿者联合会招募的志愿者大多为县内居民，年龄普遍在 40 岁以上，其专业化程度还不能满足国家公园及周边村镇对多样化服务的需求。志愿者专业化程度直接关系着志愿服务质量的高低，而国家公园区域内志愿活动涉及专业颇多，不仅包括基本的生态保护、医疗护理，还有法律援助、技术维护、应急管理等。以产业为例，洛阳镇和东坪镇都有自己的特色产业，当地村民对茶叶、柑橘等种植业很有信心，也有一定基础，他们打算将其作为增收致富的主要抓手，然而目前急需技术指导。此外，国家公园一旦建设，必定会吸引大量游客，当游客游览国家公园尤其是博物馆等地方（如南水水库博物馆）时，都希望了解相关知识，获得更多的体验，这就要求专业人员为其提供公益性讲解服务。

（四）志愿活动程序不规范

志愿服务通常是在政府的倡导下以社会组织为主、企业参与为辅的，但现阶段志愿服务主客体之间、主体相互之间等关系尚未理顺，运行机制不顺畅、约束机制不明确等问题逐渐凸显。目前，南水湖区及洛阳镇和东坪镇尚未建立起专门的环境保护志愿服务管理部门及长期合作的组织团队，缺少统一的机构进行管理、运作和监督；现有的志愿者队伍结构松散，志愿活动不固定且活动种类单一，不利于民众参与其中；没有系统科学的台账记录管理，很难实现志愿工作有记录、管理可追溯、过程可监控的状态。国家公园在我国属于新兴事物，针对国家公园志愿者方面的规章制度还处于空白阶段，难以为志愿服务提供依据和支撑。

（五）志愿服务经费紧张

志愿者服务能充实一线服务队伍，是当地政府应对大量客流、服务村民以及缓解管理压力的最好选择，然而，资金不足将成为大部分志愿服务面临的重要问题。在对洛阳镇和东坪镇村民及村干部的访谈中得知，在新冠肺炎疫情暴发期间，众多村民踊跃参与防控工作，充当卫生防控志愿者。但由于镇里资金有限，无法支付误餐费用等开支，因而制约了志愿活动的开展。虽然非营利组织提供的志愿服务是无偿的，但组织人员、开展活动等工作都需要资金支持，无论是志愿者的招募、培训还是志愿活动的开展都需要有充足资金的支撑。一旦资金不足，就不能应对多样化服务和运营需求，必然导致志愿服务难以为继。

（六）志愿积极性未充分调动

从洛阳镇和东坪镇的情况来看，首先，由于志愿精神宣传不足，对志愿服务本身的认识存在误区。通过对两镇的走访发现，大部分村民认为志愿行为通常是公益服务或便民服务，是业余行为，可有可无，志愿服务就是“免费劳动力”，而疫情期间村民自发组织的志愿活动餐补未能实现的情况，加深了当地村民对志愿服务的误解。其次，大部分村民家庭收入较低，为获取更多的收入来源，多数年轻人甚至老年人都会利用休息时间赚钱补贴家用，很难有多余精力去做志愿者，认为志愿服务与自己的实际生活相去甚远，对志愿活动关注不够。最后，国内普遍存在低估志愿服务的社会意义的现象，甚至有些部门和单位认为志愿者组织是共青团、民政部门的事，以至于用人单位在招聘员工时，常常把党员、学生干部的身份及相关经历视为能力的见证，而志愿活动的业绩则被忽略。

二、解决“南岭驿站”志愿服务的对策与思路

志愿服务既是社会主义现代化建设的巨大力量，也是推进生态文明建设的重要抓手。[4]为此，在南岭国家公园建设过程中应创建融志愿服务与岭南元素于一体的“南岭驿站”，并以此为平台提供特色志愿服务，努力打造南岭志愿服务新品牌。

（一）摸清家底，按需求设“南岭驿站”

小“驿站”能够释放大能量，但如果随意设置，不仅效益低下，还会误导服务对象，造成不必要的损失。“南岭驿站”要发挥立足乡村、面向游客的优势，不仅能够成为游客和村民的歇息场所，还是推动乡村经济社会发展的“发动机”和“加速器”。其设置思路如下。

第一，按游览景点设置。南岭国家公园拥有多处知名景点，仅洛阳镇和东坪镇就有天井山生态长廊、古母水旅游度假区、仙门奇峡景区、粤凰生态科技园、天瑶茶场以及正在重建的正觉寺等。可以在景点建立融合该景区风格的驿站，突出人文关怀和景点特色：为游客提供温馨提示与引导，介绍景区风光及其注意事项；维护购票、进门秩序，防范违法违规行为的发生；关注特殊群体的需求，为其提供力所能及的帮助。如果条件允许，可以协助组织与景点相关的文旅产品展示。总之，要提升志愿者的亲和力和游客的愉悦感。

第二，按村所在地设置。可根据各村镇的特色，依托村委会建立驿站，但其功能不同于各村的“党群服务中心”。这类驿站规模相对较大，功能较多，其特点是紧密结合当地文化与产业特色，既可以宣讲、培训和演出，也可以帮助当地村民推介特色产品。例如，在东坪镇，可以在驿站内设瑶锈等展销专柜，同时在驿站定期举行如瑶族长桌宴、瑶族歌舞等少数民族文化活动，凸显民族文化主题；在洛阳镇，则可以瑶山茶、高山蔬菜为特色，主打绿色生态产品，叠加蓝屋畲族特色村与“洛阳茶旅小镇”建设驿站。这样，不仅能传承地方特色文化和传统文化，还能

带动当地经济社会发展。

第三，按路段需要设置。以南水湖湿地公园为例，公园东西垂直宽约为 10 公里，南北垂直长约为 18 公里。湖区沿途绿道是游客自驾旅行的必经之地，也是环湖首选线路。又如，南岭国家公园周边古驿道长约 10.8 公里，道路蜿蜒曲折，历史感厚重。因此，可以在沿湖岸边及古驿道上每隔一定的距离设置驿站，并提供茶歇、讲解、简单的医疗救助等服务。

（二）拓宽视野，全方位招聘志愿者

面向基层的志愿服务可分为两种：一种是内生性志愿服务，由当地村民自行组织并开展志愿服务活动；另一种是外援式志愿服务，由来自外部的志愿者为当地提供志愿服务。根据洛阳镇和东坪镇的情况，两类志愿者缺一不可。一方面，外援式志愿服务活动能为当地带来先进的理念、文化和雪中送炭式的物质援助；另一方面，当地志愿者能适应日常生活中的变化，及时提供长期而多样的服务，满足当地困难群体的需要（如图 3 所示）。

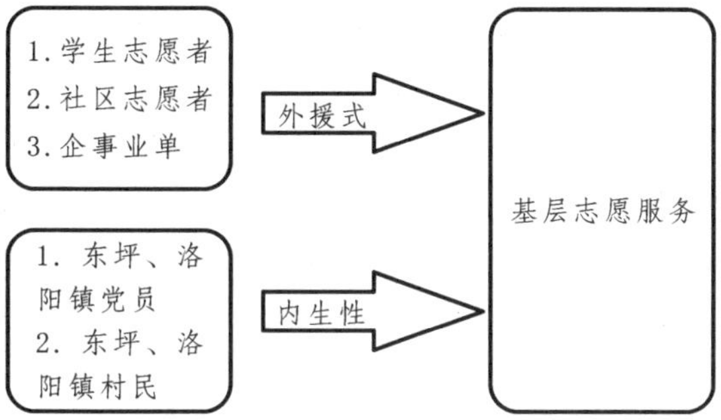

图 3　洛阳、东坪镇基层志愿服务队伍结构

1. 外援式志愿者

一是学生志愿者。学生志愿者可以高校学生为主，他们具有一定的专业知识、外语能力及较强的服务能力。学校在与国家公园合作进行志愿服务的同时，也可以实现学生素质教育及社会实践等多重目的。韶关市的高校包括韶关学院、松山职业技术学院、南方技师学院等，其中韶关学院学生 23 000 余人，开设了地理、生物、园林、旅游、农业工程等 70 多个本科专业，而且学生党员有 1 452 人，能满足国家公园及周边乡

镇大部分服务需求。

二是社区志愿者。主要有韶关市区范围内以及国家公园附近县、镇社区的志愿者，包括社区居民、全职太太、退休员工或老年协会等组织的成员。中老年人具备充分的条件，工作时间不受限制，且其中部分知识分子具有一定专业特长或丰富的社会阅历。社区志愿者的特点是本身没有工作的束缚，服务时间灵活且有保证，通常也具有极高的志愿服务意愿。该类志愿者可以作为洛阳镇和东坪镇非节假日期间的主要志愿服务力量。

三是企事业单位志愿者。主要包括自行或者以企事业单位为组织提出志愿服务意愿的个人或群体。在韶关，有韶钢、韶冶等大中型企业。这类志愿者基本都是在职人员，职业包括企业白领、教师及其他行业工作人员。中青年是这类志愿者的主要组成部分，他们志愿热情高且精力较为充沛，可以在节假日游客量剧增时发挥重要作用。

2. 内生性志愿者

在洛阳镇和东坪镇，要着力发展志愿服务积极分子，建立由各村村委会党员、村民为中坚力量的志愿者组织，从而在本土志愿者群体内部形成相互帮扶、相互激励的氛围，鼓励志愿者通过社区网络以点带面，带动更多当地村民参与志愿服务。本土志愿服务团队应与村委会形成合作伙伴关系，发挥基层党组织对群众的引领作用。首先，村委会更了解村民的需求，他们能给志愿服务团队提供大量有针对性的服务方向。其次，村委会干部在村里有一定的号召力和公信力，如果能够兼任服务团队的骨干成员，便能让服务活动更容易获得村民的配合和认同。

（三）重视素养，提升项目服务质量

中共中央组织部、宣传部等 13 部门颁发的《关于在农村基层广泛开展志愿服务活动的意见》提出，义务教育、科技文卫和法律知识、社会救助、环境保护等是重点服务领域。[5]因此，在服务内容方面，应大力挖掘、策划和落实生态保护、惠民利民方面的志愿服务，并打造一批品牌项目，发挥典型示范和引领作用。从南岭国家公园和洛阳镇、东坪镇村民的需求来看，可以优先组建如下志愿者服务队伍（如图 4 所示）。

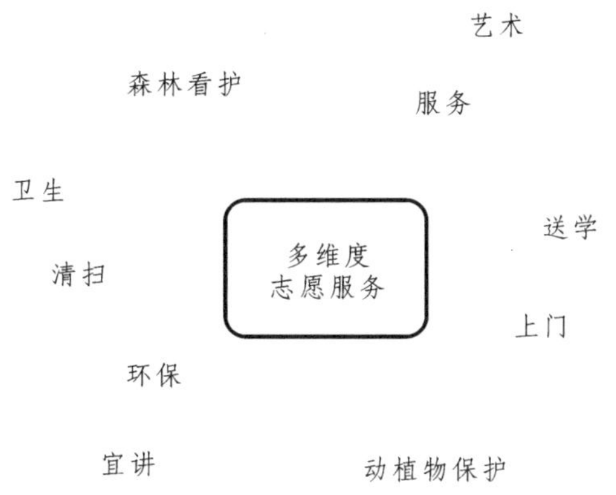

图 4　多维度志愿服务团队

1. 森林看护

人员组成：由洛阳镇和东坪镇各村委党员带头，形成由洛阳、田螺坑、坪溪、深洞、半星、白竹、板长、双坪、古母洞、富塘、月坪、月街、龙湖、汤盆、梯下、龙溪、新村、东田、南水、茶坪、下寨、方武、长溪等村组成的森林看护志愿服务团队。

主要活动：①林区动植物保护；②安全生产宣传；③矛盾纠纷防范与化解；④防火、防汛培训与演练；⑤林区突发事件应对与处理。

预期效益：通过志愿者提供志愿服务，提高村民的森林保护意识和能力，切实加大安全隐患的排查力度，积极防范和应对各类事故的发生，减少政府的管理成本，确保森林安全和人民群众生命财产安全。

2. 卫生清扫

人员组成：由洛阳镇和东坪镇各村委党员带头，形成由洛阳、田螺坑、坪溪、深洞、半星、白竹、板长、双坪、古母洞、富塘、月坪、月街、龙湖、汤盆、梯下、龙溪、新村、东田、南水、茶坪、下寨、方武、长溪等村组成的卫生清扫志愿服务团队。

主要活动：①人居环境卫生知识宣传；②垃圾归类清扫或无害化处理；③居民健康维护与疾病预防；④突发卫生公共事件应对与处理。

预期效益：通过志愿者提供志愿服务，引导居民关注和保护自己的生存环境和公园环境，并且能相互制约、相互监督，从而养成良好的日常行为习惯，不断提高健康水平。

3. 环保宣讲

人员组成：由韶关学院马克思主义学院、政法学院的师生党员带头，形成由思想政治教育、历史学、行政管理、公共事业管理、法律、社会工作等专业组成的大学师生环保宣讲志愿服务团队。

主要活动：①学习和宣讲生态文明理论；②国家公园建设的历史与意义；③我国国家公园建设现状及趋势；④国家、省、市生态文明建设的法律法规和制度；⑤村民在生产生活中遇到的政策难题或者法律困惑。

预期效益：志愿者对党和政府生态文明建设政策、法律法规的宣讲，使游客、村民进一步明确南岭国家公园建设的重要价值，增强生态保护的主动性和自觉性，同时能够运用法律武器维护合法权益。

4. 动植物保护

人员组成：由韶关学院英东生物与农业工程学院、英东食品工程学院的师生党员带头，形成由生物科学、生物技术、生物工程、园艺、动物科学、园林、食品科学与工程、食品质量与安全以及土地资源管理等专业组成的大学师生动植物保护志愿服务团队。

主要活动：①生物科学知识普及教育；②环保、农业、生物制药技术的开发、推广及产业经营；③动植物养育与疫病防控、动物营养配方设计、畜牧场建设及畜牧设备相关技术服务；④园林规划、景观设计、园林养护、园林苗圃经营、花卉管理；⑤土地规划、土地开发利用、土地储备、土地测量及制图、地籍管理、耕地保护、资源遥感监测、水土保持；⑥食品加工与安全。

预期效益：通过学习，居民能够熟悉和了解常见动植物的生长规律和习性，并能初步掌握品种选育、生产养护、农资管理、产品经营与开发的技能，不断提高生产与管理的能力和水平。

5. 艺术服务

人员组成：由韶关学院音乐与舞蹈学院、美术与设计学院的师生党员带头，形成由音乐学、音乐表演、流行音乐、舞蹈学、美术学、视觉传达设计、环境设计和产品设计等专业组成的大学师生艺术服务志愿团队。

主要活动：①艺术素养提升；②少数民族文化传承；③社区舞蹈、刺绣学习与培训；④产品、建筑与环境设计。

预期效益：在志愿团队的引导下，大多数居民能积极支持和参加各类文化活动，让本土民族文化得以传承和发展，让传统、单调的生活变得丰富多彩，不断增强居民的归属感和幸福感。

6. “送学”上门

人员组成：由韶关学院教师教育学院、智能工程学院、信息工程学院、商学院的师生党员带头，形成由学前教育、小学教育、机械设计制造及其自动化、计算机科学与技术、工商管理、国际商务等专业组成的大学师生“送学上门”志愿服务团队。

主要活动：①乡村基础教育现状评估与青少年绿色生活方式培养；②乡村农户家电维修；③智能手机使用；④农村电商平台建设。

预期效益：志愿者提供志愿服务，能够提升中小学生教育质量，及时解决村镇居民日常生活中尤其是使用电子产品遇到的困难和问题，提高生活质量，同时帮助村民搭建电商平台，增强村民致富的决心和信心，切实体现党为人民服务的真情和温暖。

（四）科学管理，畅通志愿服务流程

1. 策划合作志愿者方案

第一，统一的合作计划。出台统一的指导志愿者的长期规划、工作愿景、使命和目标等正式文件，并设专门的协议和备忘录，以指导合作志愿者计划的行动、方向、责任和资金使用。

第二，良好的沟通制度。在当地政府与志愿者组织之间设协调员，负责两者之间的沟通与工作关系。为更好地解决合作志愿者计划实施过程中出现的问题，应将相互之间的正式或非正式的会面成为常态。此外，每年举办一次年度大会，对前一年度合作志愿者计划的实施效果进行总结，并商讨下一年合作志愿者计划的细节。

2. 优化志愿者管理程序

第一，开发专属线上 APP，设立国家公园专属的线上志愿服务平台，通过及时更新网上信息，将国家公园志愿服务的日常资讯、服务内容、项目进展以及资金管理等公示出来，让志愿服务更加透明、公平。

第二，规范运行步骤，建立高效、完善的志愿者管理运行机制，包

括招募信息发布、志愿者申请、志愿者岗位描述、指导与培训等，并且在每个步骤中都有合作伙伴的参与。

（1）信息发布与宣传。国家公园每年预先发布年度志愿者计划的信息和要求，包括申请资格、营地、时间、流程和每个志愿项目的具体信息等。通过国家公园官方网站、各协作组织、大众传媒公布并广泛宣传。

（2）申请与初筛。有意向的志愿者可通过国家公园官网或各协作组织提交申请，详细介绍个人情况、兴趣偏好、专业特长、已有经验和期望服务时间与地点等信息，国家公园管理方或协作组织对申请者的个人信息进行审核。

（3）确定备选。初筛出符合要求、意愿强烈的申请者后，根据各自技能专长匹配适合的志愿工作，而对于专业性强或服务时间长的志愿项目，申请者将会有更严格的面试和更详细的审核。

（4）指导与培训。不同的岗位提供的指导等级、形式、内容和数量不同，这取决于职位及职责、工作持续时间等各种因素。因此，要为每支志愿者队伍配备主管，负责志愿者的指导、培训和评估工作。主管根据志愿者的需求，对其进行总体定位和具体工作的培训。国家公园要与志愿者协会在志愿者培训方面进行合作，为长期的志愿者提供深入培训，为短期、间歇的志愿者提供基础培训。此外，还要为志愿者提供继续教育，帮助其发展技能和能力。一般情况下，大多数为期一周的志愿者项目可由资深的志愿者对其进行培训，而长期培训服务则应由国家公园提供。

（5）上岗。当志愿者完成一系列培训后，开始正式进入志愿服务活动。在活动过程中，要明确各个岗位及个人的责任和义务，对工作进行详细记录。

第三，每位志愿者完成志愿工作后，都要提交工作总结并提出意见和建议，同时国家公园管理方也会通过面谈、电话、电子邮件、社交媒体或网站等多种方式对志愿者特别是专业志愿者进行跟踪回访，了解其后续意见和继续服务意愿，以便为国家公园储备长期志愿者进而降低招募成本。同时，建立国家公园志愿者数据库，汇总服务人员的基本信息和工作总结以及意见建议，以便于后续深入分析和有效利用，也可以用于储备后续志愿力量。具体流程见图 5。

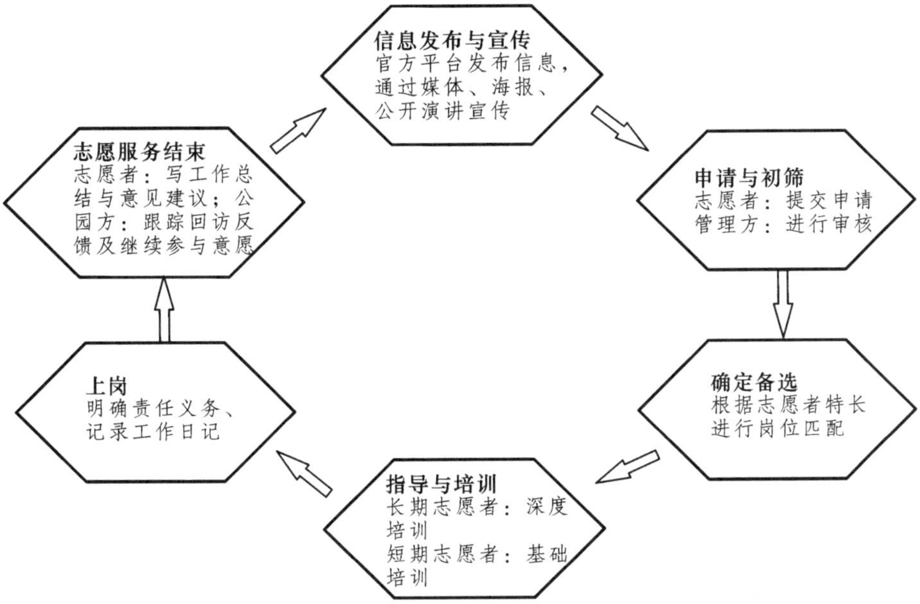

图5 志愿服务运行机制与流程

（五）挖掘本土资源，开辟多元化筹资渠道

多元化的筹资方式与筹资渠道有助于志愿组织获取充裕的资金来源，为组织各项活动和功能的实现提供保障，同时也减轻政府的资金压力。

1. 加大政府补贴力度

政府资助是社会组织资金来源的一个重要组成部分。鉴于洛阳镇和东坪镇的财政状况，政府的资助应采取直接资助与间接资助相结合的方式，直接资助包括政府津贴、政府补助等形式。除了用直接的财政拨款进行补贴，国家公园和基层政府还可以与非营利组织进行合作，如采取合同承包、政府购买等间接资助的方式。这种合作模式不仅可以减轻政府的财政负担，还可以提高公共物品的生产效率。此外，政府的资助强度和资助方式可以根据志愿服务范围的大小及服务领域的重要程度进行相应的调整。

2. 激发社会捐赠热情

社会捐赠一般包括个人、基金会、企业、政府机关以及国际性的援助等多种渠道。根据中国慈善联合会在第八届中国慈善展会上发布的《2019年度中国慈善捐助报告》显示，我国慈善捐赠的主要来源依然是企业，占捐赠总量的 61.71%。[6]因此，可以从细化、完善税收政策入手，激发韶关尤其是粤港澳大湾区大中小型企业的捐赠热情。一方面，对向非营利组织进行捐款的个人、企业或其他组织提供减税、免税的优惠政策；另一方面，对非营利组织接受的捐款部分的收入提供免税待遇。国家公园和基层政府还可以与各地社会组织合作，通过设立公益项目的形式向社会募捐，如环境教育中心、动植物博物馆、林区非物质文化遗产的保护与传承、解说员的培训、生态步道等项目建设，既为公众提供奉献爱心、践行公益的机会，又能改善国家公园设施，增加游览项目，丰富游客体验。

3. 举办绿色公益拍卖

公益拍卖活动已在各地日趋流行，早在 2004 年，韶关市曲江区就对曹溪河大桥冠名权进行过公开拍卖，最终以 101 万元拍出，用于城区建设。这一筹资方式同样可以运用到南岭国家公园，如公园中的纪念林、道路或建筑物冠名权等都可以定期定限进行拍卖。此类拍卖活动既能为南岭国家公园建设作贡献，又可提高公司和品牌的知名度，形成双赢局面，从而能吸引粤港澳大湾区等地的公司、企业参与。拍卖冠名权，有利于拓宽国家公园筹资渠道，走出一条绿色发展的新路。

4. 试行南岭彩票发行

我国彩票自发行之日起，销售额基本呈增长趋势，2020 年，全国彩票销售额为 3 339 亿元。随着人们收入水平的提高以及公益意识和环保意识的增强，发行彩票已经成为公益项目重要的筹资渠道。韶关可利用彩票集资成本低、风险小的优势，与中国福彩在可行性研究的基础上采取发行“南岭彩票”的方式筹资。在彩票发行过程中，要通过广告、销售促进、公共关系与宣传、人员推销、直接营销等传播工具向目标受众传播彩票游戏规则、游戏特点、品牌形象、公益金使用情况和福彩文化，宣传中要突出公益主题并确保彩票的公益收入全部用于国家公园及其周边乡村建设。

（六）创新激励机制，让志愿服务持续发展

志愿服务是不图回报的，但也需要针对不同年龄、不同专业水平及不同的志愿性质，不断创新和改进包括精神、物质以及丰富的表彰交流活动等多样化的奖励和激励方式，鼓励志愿者做出更多更大的贡献（如

图 6 所示）。

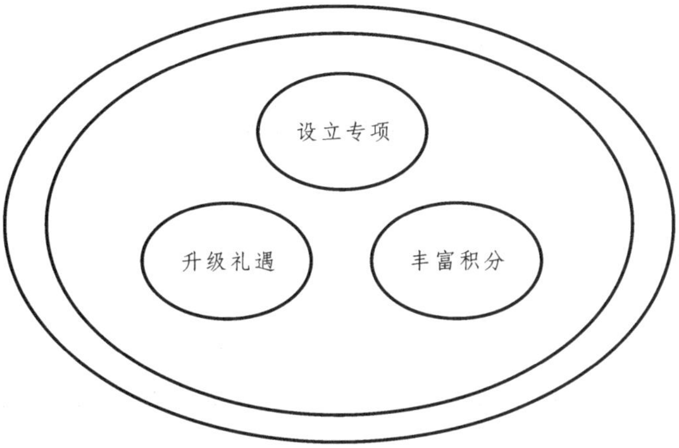

图 6　志愿者激励机制

第一，设立专项荣誉，扩大表彰宣传力度。对南岭国家公园及其周边乡村帮扶贡献突出的个人或组织，要设立专门的“优秀南岭志愿者”或“优秀南岭志愿组织”。加大对该类人员或组织的表彰力度，在全市范围内扩大宣传，激发社会各界对南岭国家公园的关注。

第二，联合企事业单位，升级礼遇优待。据了解，广东省“i 志愿”的志愿者有乘车、购物优惠等志愿者优待，但范围较窄且幅度较小。韶关市可针对南岭国家公园建设，借鉴“i 志愿”的做法，并进行升级，出台专门针对南岭国家公园志愿者的礼遇优待。联合市交通运输局、市卫生健康局、市文化广电旅游体育局及各大超商开展礼遇志愿者活动，将礼遇优待进行升级，如从小型便利店购物优惠升级扩大至大型超市购物折扣。此外，还可按照等级持志愿服务卡在市区内免费乘坐公交车、免费参观景区景点，在指定医疗机构免费体检以及餐饮、住宿、购物折扣优惠等。同时搭建升学、就业、就医、保险等各方面、多样化礼遇平台，旗帜鲜明地树立起“好人受尊重、有地位、不吃亏”的社会导向。对服务时间超过 100 小时的机关事业单位工作人员，年终考核时在道德考评一栏“评优”。而学生志愿者，除认同实践学分之外，还须优先考虑优秀学生评选或加入党组织。

第三，加大支持力度，丰富积分商城。现阶段，各志愿服务平台都推出志愿者积分兑换商城，兑换的物品包括水杯、钥匙扣等。韶关市可推出南岭国家公园志愿者专享兑换平台，联合市内大型超市、商场、电影院及美团、饿了么等开展兑换活动。兑换物品不仅包括日用品，还可包括电影票、购物券、人气美食等，有效提高大众尤其是中青年群体对志愿服务的积极性。

第四，志愿者的发展。有效的志愿服务还要为志愿者提供发展前景，为经验丰富的志愿者提供更高层次的服务机会。因此，除了成立志愿者领导团队帮助志愿者服务的规划和目标设定外，还要聘请资深志愿者领导或监督其他新的志愿者活动。

第五，志愿者的权益。要在志愿者指导手册中明确规定志愿者的权利与义务，并为志愿者及相关工作人员提供医疗和法律诉讼保障、工伤赔偿、责任豁免、个人财产损失的索赔等较为全面的保障，消除志愿者的后顾之忧。

注 释

[1] 习近平. 坚决打好污染防治攻坚战推动生态文明建设迈上新台阶. 人民网－人民日报，http：//jhsjk. people. cn/article/30000992.

[2] 新华社. 中共中央办公厅国务院办公厅印发《建立国家公园体制总体方案》. http://www. gov. cn/zhengce/2017-09/26/content_5227713. htm.

[3] 新华社. 中共中央办公厅国务院办公厅印发《关于建立以国家公园为主体的自然保护地体系的指导意见》(1). https：//baijiahao. baidu. com/s?id=1637398763598088406&wfr=spider&for=pc.

[4] 生态环境部　中央文明办. 关于推动生态环境志愿服务发展的指导意见. http：//www. mee. gov. cn/xxgk2018/xxgk/xxgk03/202106/t20210603_836142. html.

[5] 民政部. 关于在农村基层广泛开展志愿服务活动. http://mzt. qinghai. gov. cn：8088/html/show-2686. html.

[6] 2019年度中国慈善捐助报告. https：//new. qq. com/rain/a/20201012a03sue00.

“林业碳汇”助力“乡村振兴”的调查
——以国家重点生态功能区S县为例

谢晓彤　许灿荣　郑倩莹　梁晓怡

【摘　要】林业碳汇是应对温室气体排放而提出的新型林业发展理念与方向，在“绿水青山就是金山银山”的理念下，可以利用林业碳汇发展模式实现经济与生态的互利共赢。从S县的现状看，林业碳汇的开发取得了初步成效，但还存在设施与宣传不足、缺乏科学管理等问题。为此，需要采取有效措施，包括加大普及力度、加强基础条件建设、扩大实施范围、加快不同规则的对接、完善管理制度、搭建第三方交易平台等，以期为林业资源丰富地区探索生态建设与乡村振兴有机结合提供有益借鉴。

【关键词】林业碳汇；乡村振兴；新型发展模式

习近平总书记在党的十九大报告中提出实施乡村振兴战略并进行了全面部署，党的十九大报告也阐明了“绿水青山就是金山银山”的生态文明理念。韶关市森林覆盖率达75.05%，被称为珠江三角洲的“生态屏障”，全市拥有极其丰富的林业生态资源，因此可以把资源优势转化为发展优势，助力农民脱贫致富，逐渐形成利用生态资源促进乡村振兴的发展新模式。

一、韶关市S县实施林业碳汇的现状

林业碳汇作为应对温室气体排放而提出的新理念，是利用森林储存碳的作用，通过植树造林、加强对森林经营的管理、保护森林等活动方式，吸收和固定大气中的二氧化碳，并按照相关规定将其和碳汇交易相结合的过程、活动或机制。[1]S 县是国家重点生态功能区、广东省重点林区之一，林业在经济发展中一直处于重要的基础地位。全县森林总面积为 163 016.6 公顷，森林覆盖率为 71.8%，年均递增 0.6%以上，森林蓄积量为 1 011.193 7 万立方米，年均递增 40 万立方米以上，林木消耗量约 20 万立方米。全县现有生态公益林 101.197 9 万亩，生态公益林效益补偿每年约 3 041.88 多万元，在实施林业碳汇上具有得天独厚的优势。[2]

林业碳汇项目开发流程如下：项目申请及审核备案→获取林地监测数据及核算→第三方机构签发核证报告→PHCER 备案申请→PHCER 签发→PHCER 交易。首先，S 县各贫困村向 S 县发展与改革局提出项目备案申请，经过审核后由 S 县和韶关市林业相关部门前往当地获取项目林地面积等各项基本数据并进行核算；接着，聘请第三方专业机构运用科学的方法学核查减排量，然后向 S 县发展与改革局、韶关市发展与改革局及广东省发展与改革委员会申请 PHCER 备案；再由广东省发展与改革委员会审核项目是否符合要求，各项条件满足之后签发省级 PHCER；最后，各企业通过碳交易平台进行购买用于抵消控排企业碳排放。[3]

据统计，S 县共有 11 个省定贫困村成功开发林业碳普惠项目，碳普惠核证减排量达 220 848 吨，项目纳入有效林地面积 129 549.07 亩。2018 年 6 月 7 日，韶关市碳普惠核证减排量在广州碳交易所以竞价方式被广州微碳投资有限公司、国泰君安证券股份有限公司等竞买人成功购入，最终成交价为 16.32 元/吨。这个价格在广东省已创新高，为 S 县带来扶贫资金 360 余万元。[4]在实施林业碳汇项目的 S 县各贫困村中，总共有 19 859 名村民从中获得收益。

二、S 县发展林业碳汇的困境分析

S 县凭借自身的资源优势和利好政策，已取得了良好的经济、生态与社会效益，但是作为国内的林业碳汇试点区，从目前的发展状况来看，还面临着诸多困难和障碍，主要表现如下。

（一）村民缺乏了解

S 县是全国重点生态功能区，林业资源优势得天独厚，开发碳汇项目不仅能美化环境，而且还可以促进当地经济的发展。然而，林业碳汇对于村民来说并不熟悉，有些村民只一知半解，政府相关部门未能大力宣传相关的知识。其次，林业碳汇还只是在部分村中实施，涉及 11 个省级贫困村和部分生态区，对于一些经济收入仍较低但有丰富林业资源的非贫困村来说，林业碳汇项目实施还不够。最后，生态环境与资源能为村民带来收入，但是，一些人仅仅把林业碳汇当成一种赚钱的工具，忽视其潜在的意义，因而阻碍了林业碳汇真正价值的实现。

（二）林业设施薄弱

良好完备的林业设施是林业碳汇项目发展的重要保证。由于 S 县总体林业基础设施投入不足，林业技术推广不能适应现代林业发展的需要，主要表现有：一是缺乏林业临时工作站。S 县的许多林业碳汇实施村没有配备基本办公设备和独立的工作站房，更谈不上购置科学的测量和防护设备。二是护林员配置不合理。S 县分配给每个村的护林员过少，就连目前碳汇排放量排名靠前的上洞村也只配备了一个护林员，以管理全村 38 000 多亩林地，远远未达到所要求的每 5 000 亩配备一个护林员的标准。

（三）规则衔接不到位

目前广东省级碳普惠制核证减排量（PHCER）暂时还无法与国家核证自愿减排量（CCER）衔接，而 S 县开发林业碳汇的依据是广东省林业碳汇碳普惠方法学，与国家林业碳汇项目方法学相比，其适用范围、计量检测成本、核算/核证方法是完全不同的。[5]这样，S 县林业碳汇减排量无法进行跨省交易，因此林业碳汇价格低，市场不够活跃，大大限制了该县市场的扩大，更不利于韶关林业碳汇的发展。此外，2019 年新修订的广东省碳普惠方法学把以省林地平均固碳水平作为基准线情景改为以所在地市林地平均固碳水平作为基准线情景，而基准线情景可反映项目所在地市森林管护和经营的普遍现状，只有高于基准固碳水平的项目林地才能产生碳普惠核证减排量。因此，修改后的方法学使得碳普惠核证减排量比原先大大减少，导致 S 县无法充分发挥自身的生态优势，不利于促进当地经济可持续发展。

（四）运营渠道不畅

从我们调查了解到的情况看，目前基层还没有完整的土地管理制度，造成诸如村内土地产权不明确等一系列问题。土地归属权具有争议，导致林业碳汇项目无法正常实施。[6]对于林业资源建设没有一个清晰的规划，缺乏科学的引导，而且林业碳汇的交易机制也不健全，存在许多漏洞，有机构利用碳汇进行传销或开展非法集资，给林业碳汇的发展增加了许多不确定性。[7]此外，防火机制不完善。林区野外火源管理难度大，许多村民“买”“卖”烟花爆竹的渠道还存在，这给防火工作带来很大的困扰和麻烦。因此，急需制订一个长远性的规划，让林业碳汇发展制度化、规范化。

（五）服务机构缺失

S 县缺少独立的第三方机构来负责林业碳汇的整体运转，负责林业碳汇项目实施的主要是林业局、发改委等机构，由于工作量大，工作人员往往无法全身心投入其中，导致林业碳汇项目运行过程中存在诸多问题。再者，单靠林业局等部门和机构，容易导致林与农不衔接，无法搭建更好更完善的买卖双方交易平台，因而对林业碳汇的实施产生阻碍。

三、S 县突破林业碳汇发展瓶颈的对策

我们调查发现，S 县林业碳汇资源十分丰富，只要突破其发展的障碍，调动起广大基层群众的积极性，在林业碳汇助力乡村振兴方面就可以迈出更大的步伐。

（一）加大林业碳汇普及力度

S 县需要创新思维方式，建设碳汇主题公园、碳汇林业馆等，创建一支专业碳汇宣传团队，定期入园入村宣讲，提高农村干部和村民对林业碳汇的认知度，加大林业碳汇的宣传力度，鼓励和支持村民参与植树造林、养林护林。与此同时，学校开设林业碳汇与环境保护等相关课程，

提高青少年对气候变化、低碳生活、林业碳汇的了解，用生动新颖、通俗易懂的方式宣传森林固碳的重要性。只有加大宣传力度，让广大民众加深对林业碳汇的理解，同时了解其所带来的种种效益，才能减少在实施过程中因公众不理解而带来的不必要的阻力，从而为发展林业碳汇奠定基础。

（二）加强基础条件建设

首先，加大对各村林业工作站的建设经费投入，并为护林员提供应有的工作站房和合适的工作环境，同时购买相应的防护设备。其次，聘请专业人才对护林人员进行培训，提高护林人员的综合素质和操作能力，掌握基本的护林技术。最后，根据不同员工的特点安排相应的工作，如涉外较多的人员应多与实施林业碳汇成效显著的地方进行交流和学习，IT 人才应在碳汇网络市场研究、数据开发等工作领域发挥作用。此外，S 县还可以主动与周边高校和研究所开展合作，如韶关学院、韶关市林业科学研究所等，密切关注人才动态，用先进的人才和技术不断地发展和保护林业。[8]

（三）扩大林业碳汇实施范围

林业碳汇对环境保护与经济发展具有双重效益，要调动各地方实施林业碳汇的主动性和积极性，相关职能部门应及时公示申请林业碳汇项目的流程和要求，各村委可结合当地的实际情况主动向上级申报林业碳汇项目。上级主管部门在筛选过程中要兼顾各区情况，在社会成本与社会资源允许的情况下，相关部门可定期逐年对实施地点进行更新，逐步扩大林业碳汇的实施范围，加快林业碳汇的扩展速度，促进各地乡村共同发展。

（四）加快不同规则的对接

随着全国碳排放权交易市场的启动，届时将有钢铁、有色等 8 个重点高耗能行业的近万家企业被纳入到履约范围中。为此，国家和省有关部门应加快重新修订相关政策的步伐，确定科学合理的林业碳汇项目方法学，逐步促使全国各省的规则相互衔接，缩小不同区域的差异，扩大省内林业碳汇市场，进一步提高碳普惠核证减排量。S 县发展林业碳汇项目空间巨大，应充分发挥作为全国重点生态功能区的生态优势，将自然资源转化为经济发展资源，在保护生态环境的同时促进经济发展，助力全县乡村振兴。

（五）完善林业碳汇管理制度

S 县应抓紧抓好林业碳汇制度化建设，迅速将林业碳汇制度融入低碳循环产业体系建设之中，制订中长期规划，进一步加大林业建设投入，维护林业碳汇补贴制度。林业碳汇的产生以森林资源的蓄积为条件，林木林地是重要的物质基础，针对区域内土地产权不明确的问题，建议进行一次彻底的摸排检查，明确土地归属权，确保林业碳汇项目正常实施。坚持林业碳汇交易市场的“赤道原则”，同时通过市场的监管和政府部门的监督，推进碳汇交易的规范化、公开化。建立林业碳汇绩效考核制度，通过碳汇与政绩结合的方式提高不同岗位人员的工作积极性。此外，利用林业临时工作站中的距离优势与防火设备，在制度和技术层面预防火灾的苗头与发生的可能性。[9]

（六）搭建第三方服务交易平台

林业碳汇交易需要稳定的平台，可以从各个部门抽取具有一定专业知识的工作人员构建第三方服务机构，并以此为基础联合各领域专家学者共同负责林业碳汇项目运行过程中的各项事务，为林业碳汇项目提供理论、技术和资金支持[10]；同时，鼓励社会组织参与其中，建立长效的沟通交流机制，加强与基层林农和村民的沟通，搭建更好更完善的双方买卖交易平台，促进林业碳汇项目可持续发展和效益最大化。

注　释

[1] 魏殿生. 造林绿化与气候变化——碳汇问题研究[M]. 北京：中国林业出版社，2003：74-76.

[2] [4] S 县发展和改革局. 关于 S 县开展林业碳普惠制试点工作情况汇报[Z]. 2018-12-10.

[3] [5] 韶关市委全面深化改革委员会办公室. 韶关改革工作简报（第 1 期）[Z]. 2019-05-22.

[6] 龚春兵，聂昆. 林业碳汇发展的思考[J]. 中国林业经济，2018（2）:

69-70.
[7] 孙峥. 福建省林业碳汇创新机制及推进方向[J]. 农业展望,2018(8):95.
[8] 邹泽亮. 浅析乡镇林业碳汇发展存在的问题及相应对策建议[J]. 农家参谋，2018（6）：88-89.
[9] 唐燕. 林业生态资源保护现状及对策[J]. 南方农业，2015（30）：106-107.
[10] 叶大平. 林业碳汇发展的现状及建议[J]. 中国林业经济，2018(5):58-60.

地方政府空气信息公开存在的问题及解决对策

——以A市环保公众网为例[1]

张宵钰　曾宇辉

【摘　要】随着我国经济社会的发展，空气质量优劣已成为制约社会发展和人民身体健康的突出问题。本文重点考察了A市环保公众网，该网站的空气信息公开已形成了自身的特色和优势，同时也存在信息内容不规范、公众参与度低等不足。为此，我们在剖析原因的基础上，提出了建设性思路，包括借鉴各地经验、强化环保意识，加大宣传力度、引导公众参与，加强法制建设、保障有法可依，增加资金投入、提高科技含量，与时俱进、探索公开新方式，强化责任担当、完善考核机制等，以推进空气信息公开，提高公众的满意度。

【关键词】地方政府；空气信息公开；公众满意度

空气质量是反映生态文明建设进程的一个重要标志，也是我国综合国力和经济社会发展的重要体现，空气信息公开不仅能保证人民的知情权，而且能激励广大民众投身到环保事业的实际行动中去。基于此，我们重点考察了A市环保公众网关于空气信息公开的得与失，以期推动政府公开空气信息，进一步提高空气质量。

---

① 基金项目：韶关市哲学社会科学规划课题（W2022002）“习近平生态文明思想在韶 关的实践”（党史特别委托项目）阶段性成果。

一、A 市环保公众网空气信息公开的有效做法

A 市环保公众网于 2005 年 1 月由 A 市生态环境局建立，至今已有 10 多年的历史，主要是 A 市生态环境局用来发布信息、网络办公的平台，同时也是公众了解 A 市生态环境局及其环保工作的重要渠道。经过多年的不断完善，我们发现它有以下突出之处。

（一）界面设计方便民众

A 市环保公众网的首页对 A 市生态环境局进行了简介，尤其是对其主要职能进行了详细描述，让人们对 A 市生态环境局有了大致的了解；A 市环保公众网以清一色的蓝底为背景，符合网站保护环境的宗旨，有助于增强人们的环保意识；网站搭建了公共信息查询专栏并启动了信息接收功能，编制了各类有关 A 市环保工作的信息，让人们一目了然，方便查询，也方便登录网站的人们提出意见和建议。在 A 市环保公众网上，市民可以在“A 市空气质量实时发布平台”和“A 市空气质量预报预警平台”检索与空气质量和大气污染相关的信息。例如，点击进入 A 市空气质量实时发布平台后，显示 AQI 实时、AQI 日报、污染物浓度、AQI 分指数、监测站点、AQI 说明、发布说明等几个板块，清晰明了地向公众解释相关知识，方便公众对空气质量进行检索及了解；在“网络问政”及“咨询投诉”等栏目中，市民可根据实际需要各抒己见，亦可对政府空气信息公开提出意见和建议，实现政府与民众的线上互动，网站会对每一条留言进行回复。此外，A 市环保公众网与上级环保政府部门的信息交流较为密切，能及时将中华人民共和国生态环境部、广东省环境保护公众网的环境信息传达给公众，有利于公众了解空气信息的最新动态。

（二）目标任务细致具体

随着网络技术的不断发展，A 市环保公众网的公务人员利用网络便捷、高效等优点，快速整合本部门工作要求及收集的各种信息，并上传到环保公众网上，使空气信息能及时准确地传送出去，方便人们了解。如 A 市生态环境局于 2017 年 2 月 22 日公示的《A 市人民政府办公室关于印发 A 市区环境空气质量保证方案的通知》中，明确提出改善 A 市空

气质量的具体要求：① 市区（含所辖区）环境空气质量二氧化硫（SO_2）、二氧化氮（NO_2）、一氧化碳（CO）、臭氧（O_3）、可吸入颗粒物（PM10）、细颗粒物（PM2.5）稳定达到《环境空气质量标准》（GB 3095—2012）二级标准。② 市区（含所辖区）空气质量优良天数（AQI≤100）比例达到 93%以上。③ 全面完成省下达的 2017 年大气污染防治工作任务，主要有：A 市坪石发电厂有限公司（B 厂）超低排放改造，A 市粤江发电厂脱硫提效改造、加装湿式电除尘器改造、SCR 脱硝等提效改造；城市建成区淘汰 4 台高污染燃料锅炉；完成 5 家挥发性有机物重点企业治理；完成 3237 辆黄标车提前淘汰。[1]A 市根据自身的发展现状制定发展目标，有利于 A 市环保部门在空气质量改进中有章可循。

（三）地方特色较为明显

A 市是广东著名的旅游城市，对比周围其他城市，它在空气信息公开方面具有明显的特色和优势。与同样以旅游城市闻名的贵阳相比，贵阳市环保公众网突出了水污染、环境污染等方面的信息公开，但其在空气信息公开方面的资料却寥寥可数，而 A 市环保公众网在“A 市空气质量实时发布平台”“A 市空气质量预报预警平台”以及“政策法规”等板块均详细地公开了与空气质量相关的资料信息，凸显了 A 市作为旅游城市特有的人文关怀及政府的责任意识。A 市作为广东的生态环境重点保护区，其空气信息公开一直围绕着广东生态屏障这一要求进行。例如，对仁化等旅游地，A 市环保公众网特别注重其空气质量的监测及治理；根据“中国有色金属之乡”的特点，A 市环保公众网则出台了多项政策及标准，以确保合理开采、减少空气污染。

（四）信息内容符合公众需求

这些年来，空气质量越来越受到人们的重视，人们对雾霾等的关注有增无减。A 市环保公众网实时发布空气信息，市民可以在网上查询到 A 市的实时空气质量。同时，网站还提供了各种数据指标，使空气质量报告更加通俗易懂，并就实时空气质量对人们提出建议。A 市环保公众网还与时俱进地提出“加快绿色转型，打造广东绿色生态第一市”[2]的口号，其目的是建设绿色 A 市，满足民众在空气质量上的新需求。

二、A 市环保公众网空气信息公开存在的缺欠

（一）板块结构不规范

调查发现，A 市生态环境局下属的 A 市环保公众网上存在板块结构不合理且功能并不完善的问题，如网站首页右上角不起眼的公共查询功能，点击后没有反应，本应是公众可以用来查询信息的模块，却成了装饰品，且一直未得到修复，用户只能自己艰难地寻找需要的相关信息。此外，首页上还存在年份和日期显示错误、标题内容与实际内容不相符等问题。而广州市环保网多个板块设计了空气质量公开的内容，如滚动播放的广州市内空气质量日报，帮助市民及时准确地了解广州市的空气污染情况。在“环境综述”板块中，公示了全国重点城市空气质量日报、广东省城市环境空气质量状况等。广州市环保网有关“空气质量”的帖子，无论是政府主动公开还是网络问政，点击率都是非常高的。[3]相比之下，A 市在这方面还略显单薄。

（二）首页内容多而杂

A 市环保公众网是以环保为主题，整个网页应是有关环保的信息。然而，登上 A 市环保公众网，首页却大多是疑似广告的内容，具体有单位推荐专栏、户外拓展项目专栏、旅游专栏、招聘专栏、车辆介绍专栏、考试报名专栏、美容专栏等。这些占据了 A 市环保公众网首页的许多地方，有些信息是可有可无的，甚至是不应该出现的。这是一个环保公众网，网站要想增加人气和点击量，必须完善页面布局以及发布更多有效的信息。

（三）空气质量栏信息较少

登上 A 市环保公众网，不难发现，有关于空气质量板块的信息不够，且信息内容繁杂，有的本不属于空气质量的信息也在该板块显示，有些数据甚至很久没有更新。例如，在网上仅能查询到近几年断断续续的空气质量报告，有某几周的周报却在同一天发布，这显然是不妥当的；近几年 A 市的雾霾现象较为严重，PM2.5 逐年上升，这应该是环保公众网重点关注的事项，但是网站上有关的信息并不多，不方便公众了解 A 市空气信息，也不能对公众起到警示和建议作用。此外，网站上有关政府

的信息发布超过两年后，便不能直接从该网上获取，而需前往 A 市生态环境局办公室查阅，这对需要的网民来说无疑增加了其获取信息的难度。

（四）民众环保积极性不高

环保事业不仅仅是政府的工作，还需要民众的参与。政府是环保事业的引导者，而民众则是环保的主力军。A 市生态环境局要求环保公众网及时公开政府工作报告，然而从搜集的资料来看，近几年来收到的依申请信息公开的事项不到十项，民众咨询政府环境信息的人次更是少得可怜。可见，主力军参与的活动和发挥的作用不大。

（五）空气监测缺乏科学性

据查阅，A 市空气监测站共设置了 5 处，分别是市八中、碧湖山庄、园林处等地。[4]首先，这样的设置存在覆盖面小、代表性不足等问题。其次，其空气质量监测指标偏少，目前 A 市空气质量监测的主要监测项目是二氧化硫和可吸入颗粒物，缺乏对 PM2.5 等的监测。再次，监测手段单一，且主要监测近地面的大气空气质量情况。最后，其监测数据质量不高，严格意义上的质量监测技术尚未成熟，因此难以保证其监测数据的质量。在存在以上问题的情况下，A 市环保部门并没有采取相应措施加以补救。

三、空气信息公开不足的原因分析

任何事物的出现都是有原因的，A 市环保公众网空气信息公开不足也不例外，要想推动空气信息公开，必须探讨其产生的根源。

（一）政府的关注度弱化

过去 A 市主要发展重工业，空气质量并不比其他地区好。但是，A 市是广东省的生态屏障，近些年来又被国家定位为重点生态保护区和生态文明建设示范区，且目前 A 市正向着旅游城市的方向发展，因为 A 市的旅游景点较多，而且都是旅客到 A 市旅游必去的地方，因此 A 市政府一直着力改善 A 市空气质量，以吸引游客来 A 市体验。随着旅游业的发展，游客量稳定上升，经济收入也在逐年增加，但政府对空气质量关注较少，A 市环保公众网有关空气信息的更新和关注也就随之减少。毫无疑问，对于政府来说，这是一种短视行为，不利于 A 市的可持续发展。

（二）环保知识教育缺失

衡量某个区域的空气质量达到几级标准，主要是看空气中各种污染物如可吸入颗粒物（PM10）、二氧化硫（SO_2）、二氧化氮（NO_2）的浓度达到几级标准[5]，普通民众是缺乏这方面专业知识的，因此就会对空气信息公开失去兴趣。而 A 市环保公众网在这些方面并未用简易的方法指导公众，导致人们不关心 A 市的空气质量。此外，在网站上仅有部分报告存在，而缺乏科普性文章，这类文章虽然不能对公众产生立竿见影的作用，但其影响是潜移默化的。

（三）技术水平受到局限

如前所述，目前 A 市空气质量监测的主要监测项目是二氧化硫和可吸入颗粒物，缺乏对 PM2.5 等的监测。除此之外，其监测手段单一，监测数据质量不高，严格意义上的质量监测技术尚未成熟，因此难以保证监测数据的质量。其实，这些问题在我国发达地区已经得到了较好解决。例如，广州市环保公众网利用先进的 RSS 技术，市民通过下载客户端，便可链接到与空气质量的相关信息。同时，网站还可将有关信息以短信的方式发送给用户，民众不仅能便捷地获取信息，而且容易读懂。但是，A 市是欠发达地区，在资金、人才及技术设备等方面存在较大的差距，因此，拉开了与发达地区的距离。

（四）责任落实不到位

A 市环保公众网的主要工作是由 A 市生态环境局负责的，主要包括更新各种环保信息，组织开展有毒气体、环境污染等污染的防治并进行总结，编制环境保护任期目标并组织实施等。但是，并没有落实责任制度。调查发现，A 市环保公众网一篇更新于 2018 年 2 月 22 日的《A 市人民政府办公室关于印发 A 市区环境空气质量保证方案的通知》[6]，明确了工作目标及重点整治区域，但对于空气污染处罚、防范及整治污染空气的行为却没有相应规定。反观广州市环保公众网，有“谁出数谁负责、谁签字谁负责”的责任追究制度，同时也有采样与分析人员、审核与授权签字人分别对原始监测数据、监测报告的真实性终身负责[7]的规定。可见，他们远远走在A市的前面。

四、推动A市空气信息公开的对策思考

政府将空气信息及时准确地公开，是一项义不容辞的义务，也是生态文明建设的重要步骤，相关部门应该引起高度重视，我们就此提出几点建议。

（一）借鉴各地经验，强化环保意识

A市以前主要发展重工业，近些年来，由于积极打造旅游业城市，生态环境得到了一定改善。然而，政府在环保方面尤其是空气质量方面的重视程度开始下降。其实，在A市附近有许多发达地区如广州、深圳、香港等，都一直着力于改善环境，秉承“宁要绿水青山，不要金山银山，而且绿水青山就是金山银山”[8]的理念，着重投身于环保事业，因而这些城市各项产业得到协调发展。A市应时刻保持未雨绸缪的意识，吸收这些发达城市空气治理的经验，把这项事业当成系统工程来对待，不应该稍有改善就有所懈怠，毕竟A市是一个资源枯竭型城市。

（二）加大宣传力度，引导民众参与

信息公开和民众参与是相互联系、相互促进的，信息公开是民众参与的前提和基础，民众参与是信息公开的动力和推手。假若环保信息不公开，民众参与就没有可能性。因此，环保部门要加大宣传力度，通过学校教育、社区教育、企业培训、网络宣传以及发表文章等方式，对民众进行宣传教育，培养和提高他们的环保意识。例如，在A市环保公众网滚动播放A市空气质量信息和各县区空气污染程度等。与此同时，政府要拓宽民众参与的渠道，不止于在网上发布和寻找信息，也不止于通过电话和联系地址以及电子邮件联系，而应该跟上时代的步伐，开通微信公众号、微博账号、QQ等新型联系方式，让民众不但更容易获取所需信息，也可以更方便地去表达自己的意见，提高民众参与改善空气质量的热情，打赢“蓝天保卫战”。

（三）加强法制建设，保障有法可依

了解环保信息是公民的基本权利，在环保意识不断增强的今天，许多民众希望通过政府信息了解空气质量，然后根据信息明确自己该做什么和不该做什么。但是，A 市环保公众网在某些应该公布的环保事项上没有公开或者公开得不清不楚，民众即使有心支持环保事业，也难以付诸行动。因此，市人大要研究和完善法律法规，市政府要研究和完善行政法规，明确哪些环保事项是应该及时公布的，认真履行政府应尽的义务，这样才能更好地保障民众参与环保事业的权利。对此，A 市生态环境局可参考外地的做法。广州市生态环境局在“大气环境质量标准”及“大气污染物排放标准”两个法规中，明确规定了环境空气质量手工监测技术规范、环境空气质量标准、高污染燃料目录，以及重型柴油车、气体燃料车排气污染物车载测量方法及技术要求等，使得空气质量公开有法可依。此外，在环保部门没有依法公开空气信息或者不作为，且导致民众的利益受到损害时，应有相应的救济机制加以补偿。

（四）增加资金投入，提高科技含量

A 市环保公众网作为 A 市公布环境信息的政府网站，其服务功能还不能满足现实需求。因此，A 市可以参照外地环保公众网的设计，对网站的不足进行逐步改进，具体可以从网页设计、模块功能、用户体验等方面入手。然而，这些技术离不开专业人才和专业知识。因此，应该聘请或者培养空气质量监测以及计算机等专业的人才，保障各种空气信息的科学性和准确性。目前，国外多数政府网站都在更新互联网技术并投入使用，如 JSP 技术等，这无疑可以提高网页的时效性，获取信息也更为快捷，但这些都需要政府加大资金投入。

（五）与时俱进，探索公开新方式

随着时代的进步，信息发展越来越快，传统的信息传递方式不断更新，如微信公众号、腾讯 QQ 公众号、微博、小视频等。因此，有关空气信息不必完全拘泥于网站发布，新型网络媒体不仅信息传递速度快、受众多，而且成本较低，操作也比较简便。例如，近年来小视频横空出世，吸引了一大批使用爱好者，他们在闲暇时拿起手机便看，环保部门可制作一些创意小视频，相信会对环保事业大有助益。

（六）强化责任担当，完善考核机制

我们在现实中可以看到，某些企业在生产中污染环境，宁愿被罚钱也不愿意采取环保措施，归根到底，是因为环保成本高、污染成本低。对于政府来说，环境信息公开成本高、不公开成本低，这主要是由于我国有关环境信息公开的考核评估机制不完善、法律制度不健全。有人认为，空气信息掌控在自己手里，他们爱公开就公开，不公开也拿他没办法。因此，少数人在很多时候可以随便对待这项工作，即使被举报也不会有严格的惩罚。对此，需要完善考核机制并落到实处，让违规人员明白信息公开的重要性、严肃性，对造成损失者，要追查到底，确保空气信息公开有法必依、违法必究、执法必严。

注　释

[1] A市环保公众网. A市人民政府办公室关于印发A市区环境空气质量保证方案的通知[EB/OL]. [2018-2-22] http：//epb.sg.gov.cn/zwgk_1547/zcfg/201802/t20180222_516914. html.

[2] 广东省环境保护网. A市建设广东绿色生态第一市行动方案[EB/OL]. [2017-08-24] http：//www. gdep. gov. cn/zwxx_1/gzdt/dsdt/shaoguan/201708/ t20170824_227514. html.

[3] 李源. 浅述城市环境空气质量监测的工作[J]. 能源与节能，2011(5)：41-43.

[4] A市环保公众网. A市空气质量实时发布系统[DB]. [2016-4-29] http：//61. 235. 92. 83：8002/.

[5] 马广大. 大气污染控制工程：第二版[M]. 北京：中国环境科学出版社，2004.

[6] A市环保公众网. A市人民政府办公室关于印发A市区环境空气质量保证方案的通知[EB/OL]. [2018-2-22] http：//epb. sg. gov. cn/zwgk_1547/ zcfg/201802/t20180222_516914. html.

[7] 广州市环保网. 中办国办印发意见，提出建立环境监测“谁签字谁负责”责任追溯制禁止地方环境数据造假[EB]. 南方日报，2017-09-22.

[8] 习近平总书记系列重要讲话读本[N]. 北京：人民出版社，2014.

生态合作治理的探讨
——以 K 市为例①

曾关秀　陈银豪

【摘　要】K 市生态文明建设取得了一定的成效，但在合作治理方面仍然存在诸多问题。对此，本文从官员自利、合作成本、监管能力和宣传力度等方面进行了原因分析。为了完善生态合作治理机制，我们提出如下建议和对策：一是加强生态治理宣传；二是增进政府部门间的信任；三是构建生态系统共享网；四是构筑合作治理平台；五是完善监督体系。

【关键词】生态治理；合作机制；对策探讨

习近平总书记指出："生态是统一的自然系统"，是"相互依存、紧密联系的有机链条"。[1] 随着经济社会的快速发展，人们越来越认识到保护生态环境的重要性，并意识到合作治理是快速治理生态环境的有效方法之一，因为生态治理不是一个人或者某部门能单独完成的。为此，本文以 K 市为例，探讨生态合作治理问题。

一、K 市生态治理现状与存在的问题

近年来，K 市实施生态治理并取得了良好的成效。1992 年，K 市率先成为全省绿化达标山区城市，森林覆盖率达 74.4%，居广东之首，是广东省绿色生态屏障、粤港澳地区最美丽的后花园。与此同时，K 市各

---

① 基金项目：本文系韶关市哲学社会科学规划课题（W2022002）"习近平生态文明思想在韶关的实践"（党史特别委托项目）阶段性成果。

级党委、政府及林业部门和广大群众通力合作，采取“以封为主，封、管、造并举”的办法保护林业资源持续发展，进而推动生态环境的可持续发展。在政府努力宣传下，保护环境的目的和意义家喻户晓，人民群众自觉参与到封山育林的行动中来。全市林地面积从 2011 年的 1780 万亩增加到现在的 1897 万亩，森林覆盖率从 71.5%提高到 74.4%，在森林面积稳定增长的同时，石漠化治理也初见成效，生态环境得到有效的改善。[2]按照 K 市政府的要求，全市建立了 11 支专职森林消防大队，配备队员 554 人，实现了森林资源管护全覆盖。目前，全市已建成国家级自然保护区 3 个，省级自然保护区 11 个，市（县）级自然保护区 8 个，自然保护区的面积和各种珍稀野生动物的数量居广东之首，取得了良好的生态文明建设成果。但 K 市的环境保护还存在一些不足，尤其是在合作治理方面表现突出，具体情况如下。

（一）部门职责刚性分割

政府职能的刚性分割，导致各政府部门工作独立和信息独立。上级领导给各级政府安排了各自的岗位和责任，在这种上级安排任务、下级履行职责的制度下，容易形成一种“各人自扫门前雪，莫管他家瓦上霜”的惯性。例如，生态环境局、林业局、水务局等在行政级别上并非隶属关系，而是横向的平等关系，所以不愿意听从其他部门的领导。因此，在不同的任务和职责下，各部门的目的和取向大相径庭。按照林业局的职责，林业得到最大的保护和利用就是本部门的最大追求，最能得到上级的认可，对水务局来说也是同样的道理。

（二）合作信息隐晦

《中华人民共和国政府信息公开条例》是为了保障公民、法人和其他组织依法获取政府信息，提高政府工作的透明度，促进依法行政，充分发挥政府信息对人民群众生产、生活和经济社会活动的服务作用而制定的。[3]K 市各政府部门都建立了自己的网站，并且在网上发布本部门的相关信息。但纵观 K 市生态环境局、林业局、水务局等政府网站，信息的公开程度还是相对较低。《2016 年 K 市资源枯竭城市转型发展行动计划》中提出 K 市预计在生态治理上花费 11 亿元，争取对已关闭煤矿矿区的塌陷土地进行修复并治理土地重金属污染，按理说应该有相关部门的具体措施和相互协作的信息。然而，行动计划发布后已有半年时间，但在 K 市各政府网站中并没有针对这个行动计划的项目公示信息。此外，政府网站的信息虽依照条例公开，但不能满足人民的需求。“只要信息是不完全的，经济代理人对于经济环境的认识就包含着不确定的因素，因而也就具备承担风险的可能。”[4]我们发现，政府网站公开的信息基本上不会涉及部门的重要信息和本部门独有的某些信息，关于和其他部门合作的信息就更为隐秘。在责任面前，政府部门在生态治理中会尽量减少联系，避免连带责任。

（三）企业违规排放

目前，K 市的经济发展方式还是以粗放型为主，高投入、高消耗、高污染、低效益，这样的经济发展模式会使企业成为生态破坏的元凶。因此，在生态环境治理合作中，政府和企业的合作尤为重要。2016 年 1 月成立的广东韶科环保科技公司（K 市环境保护科学技术研究所环评脱钩改制后成立的企业），是 K 市政府和企业合作的一项重大举措。该企业主要负责环境影响评价、环境规划、环境监理、环保工程咨询、突发环境事件应急预案、环保“三同时”竣工验收报告等。这有利于减轻 K 市生态环境局的工作负担，并且加强了对其他企业的监督，是政府和企业合作的典范。但是，在粗放型经济模式下，K 市依旧存在不顾生态恶化、蔑视合作关系而违规的企业。例如，2015 年 4 月 20 日，宝钢集团某钢铁有限公司 6 号烧结机头脱硫后二氧化硫、氮氧化物排放超标；2015 年 5 月 14 日，季永直（K 市某区新莲花木业）未办理环保竣工验收手续投入生产；2015 年 11 月 28 日，K 市自来水公司超标排放水污染等。

（四）志愿活动流于形式

2016 年 3 月 12 日是全国一年一度的植树节，K 市委、市政府及市人大等市领导和 400 多名市直机关干部职工，冒雨来到某区实验小学后山参加义务植树活动。据 K 市林业局相关人士介绍，2015 年全市共有 149.27 万人参加了义务植树，这是 K 市生态合作治理的一个良好现象。但在植完树后，又有多少人会继续对树苗进行照顾？据报道，2015 年 K 市植树达 603 万株，成活率较高，但是这个“较高”到底是多高呢？是 80%、90%还是 60%？如果按照成活率 90%来算，也有 60.3 万株树苗死亡。毫无疑问，这样的植树是后续阶段无合作的活动。在学校也存在流于形式的志愿活动，有些同学参加了青年志愿者组织的捡垃圾活动，但都是为了获取创新学分和综合测评分，有些同学参加活动时完全流于形式。

二、合作治理不力的原因分析

从上述状况可以看出，种种不良现象严重影响了 K 市生态合作治理的成效，其原因值得我们分析。

（一）个人自利心理的影响

政府生态合作治理主要包括政府外部合作和政府内部合作治理。然而，地方政府的合作常受到个人自身利益的限制，一些人常常会追求个人利益最大化和部门利益最大化。各部门仅会完成上级政府安排给本部门的职责和任务，而忽略合作的重要性，忽略生态治理的复杂性和各因素的关联性。一些政府工作人员为了获得上级领导的认可和晋升机会，只专注于短期生态治理成效而忽略生态的长期发展。有的甚至贪污受贿，如 2015 年 9 月 K 市某副处级干部因贪污受贿被双开。这些都严重影响了 K 市的生态治理。

（二）合作成本高

埃里克·弗鲁博顿和鲁道夫·瑞切特在《新制度经济学一个交易费用分析范式》一书中，将市场型交易费用概括为信息和谈判的费用、讨价还价和决策费用以及监督和执行费用。[5]在生态合作治理中，每一项合作都需要讨论和缔约及信息共享，在这些环节上，资金、人力、物力都不可或缺，而在大型合作项目中成本会更高。K 市各政府部门不仅信息存储系统独立，在合作项目上需要承担一定的经费，而且在合作中还要处理非本部门的事情，这样大大加重了工作的难度和经济负担。

（三）环境监管能力弱

由于我国地域辽阔，各地自然条件、经济发展与环境污染程度存在着较大的差异，因此，国家环境保护法规不可能“一刀切”，只能对一些原则性问题做出规定，不可能涉及非常具体的细节。[6]K 市虽然不大，但土地资源、森林资源、矿产资源丰富，生态环境复杂，因而更不可能有针对 K 市生态建设和生态合作治理的法律法规。因此，K 市对生态治理的监督能力显得十分脆弱。

（四）企业责任成本低

K 市每年都有企业违规偷排乱排，相关部门对其做出了相应的惩罚。但是，为何罚而不止？这是 K 市对违规排放应该思考的问题。当然，我们不排除那些抱着侥幸心理的企业，以为暗地里排放不会被发现，但我们更需要思考的是违规成本和企业利益的对比。这可以通过以下会计等式进行说明，即环境经营利润=环境经营收益-环境经营成本。[7]从这个公式可以看出，环境经营成本越低利润就越高。上文提到的几家被处罚的企业，他们承担的处罚额在 3 万元到 5 万元，显然处罚金额比企业建造一个污染处理装置要低。

（五）宣传力度不够

K 市生态合作治理不是简简单单的政府间合作，也不仅仅是政府和企业的合作，而需要整个 K 市所有人、所有组织共同配合，这就需要 K 市政府的协调和引导。造成 K 市市民生态保护意识薄弱的重要原因就在于市政府对于生态治理的宣传力度不够，也很少组织共同建设生态环境的活动。生态环境资源具有公共性，在没有政府进行宣传和组织的情况下，很难改变韶关市民众对生态的态度，也很难提高他们对生态环境共同治理的意识。

三、推进生态治理合作机制的思考

毫无疑问，要解决 K 市生态治理合作问题并加快合作治理的进程，需要社会各界通力合作，同时建立和完善合作机制。

（一）加强生态治理宣传

生态治理知识宣传是生态合作治理中的重要组成部分。过去先污染后治理的模式归根到底是人们对生态治理认识不够，不知道可持续发展和相互合作的重要性。以往 K 市大多环保宣传活动都是由政府部门独立完成，其宣传形式也很单一。对此，我们建议K市生态环境局、林业局、水务局等联合举办大型生态知识宣传活动。例如，可以在芙蓉山一带举办大型的生态知识宣传活动，先了解K市空气质量；再沿山腰往山下组织植树造林和垃圾清理；到山脚介绍湖泊和当地的养殖业，从而了解韶关市的水质。在组织各种宣传活动时，各政府部门要把本部门的特色展示出来，并与本部门在生态治理的中的职责结合起来，让人们全面了解生态治理中各部分之间的相互关系。另外，在宣传中还要结合K市是全国重点林区、全国首批6个生态文明建设试点地区之一的特点，让大家形成共识。人们不但想了解政策，还想了解政策产生的过程，渴望参与到政府的一些行政决策的讨论。[8]因此，政府在宣传时，可以征集人们的意愿并和他们进行讨论，进而完善K市的生态合作治理方案。

（二）增进政府部门间的信任

彼得·什托姆普卡指出，人民对政府的信任由七项要素构成，即规制、效率、可靠性、代表性、公平性、负责性和善心德行等。[9]政府间的信任也是如此。证明自己的可信度是提高政府部门相互信任的重要途径。在生态合作治理中，各政府部门要提高自己的执行能力，提高工作效率，尽可能避免不必要的疑虑和过错，提高其他部门对本部门的信任感，同时要阻止内部人员损害本部门的形象。具体来说，第一，加强部门领导和下属的相互协作，提高整体效应；第二，防范部门内部人员以权谋私和腐败；第三，强化个人利益服从集体利益的思想意识。互助就是力量上的相互补充、支持、配合，行动上的协调一致。[10]建立政府间的伙伴关系也是提高政府信任程度的重要途径，伙伴关系在治理跨部门的事项上可以发挥重要作用，可以克服同级政府部门职能刚性分割的不足。制度是相互信任的保障，因此在相互合作时可以建立信用制度。这样，各政府部门更能认清自己的责任，提高生态合作治理的效果。

（三）构筑生态系统共享网

目前，政府实行的是单独的信息存储系统，结果造成应用“烟囱”和数据“孤岛”，业务协调和信息资源开发利用率低，综合公共服务能力弱，生态环境合作治理能力不强，难以适应和满足大数据时代生态环境保护的需求。K 市政府应该充分利用大数据和云计算等现代技术，建立一个整合各政府网站和非政府组织网站中有关生态信息的综合性共享网，方便各部门的信息收集和共享，实现信息占有量平等化和公开化。信息资源共享有利于缓解部门间的隔阂，能大大促进政府间的联系、信任和互助。在绿色生态共享网中，要建立三大板块：一是 K 市生态项目信息公示板块，让人民群众了解政府的生态项目和进程，了解最新生态志愿服务和生态宣传活动，并能积极参与其中；二是生态知识学习板块，运用信息技术整理符合时代要求的生态治理知识供民众学习，提高广大群众的生态治理意识和水平；三是建立建议和投诉板块，便于民众表达他们个人的见解，并对违规现象进行投诉。这样，能有效地促进生态合作治理的进程。

（四）构筑合作治理平台

生态环境治理是中国现阶段的重要任务，而这项任务的完成离不开政府、非政府组织和社会志愿者等之间的通力合作。因此，K 市政府需要建立多元化的生态治理合作方式，向公共服务型政府转变，确立政府的公共生态治理理念，增加在生态环境治理中的经费投入和基础设施建设，鼓励各类群体参与到生态治理工作中来，充分发挥广大民众在保护生态环境中的作用，提高生态合作治理的成效。当前，最突出的时代特征就是网络一体化，以往政府间的实体会议和电话联系应该向视频会议、网络签订协议等网络途径转变。政府应该灵活运用网络强化政府之间、政府和非政府之间的联系，形成多元化、多层次的网络治理机制。

（五）建立和完善监督体系

生态合作治理除了需要政府、非政府组织和志愿者等之间的联系、信任和互助外，更需要社会的监督。在信息共享时，信息应该是公开透明的，不仅政府部门能够形成相互监督，广大民众也能更好地了解生态项目的内容，同时对政府行为进行有效监督。另外，媒体舆论的作用使得社会监督更加客观和真实。K 市于 2015 年 5 月获得地方立法权，因此可以建立一套完整的适合本地合作治理的法律规范体系，强化法律对合作关系的约束力和监督功能，使监督成为维护生态环境合作治理的有力“武器”。

注 释

[1] 习近平谈治国理政：第三卷[M]. 北京：外文出版社，2020：362-363.

[2] 马学. 从分权行政到跨域治理：我国地方政府治理方式变革研究[J]. 地理与地理信息科学，2008, 1（24）：25-28.

[3] 中华人民共和国政府信息公开条例[S]. 第一章总则第一条.

[4] 陈雨婕. 论长三角区域生态治理中地方政府的协作[D]. 苏州大学，2013：16-19.

[5] 埃里克·弗鲁博顿和鲁道夫·瑞切特. 新制度经济学一个交易费用分析范式[M]. 上海：格致出版社，2012：56-58.

[6] 余友前，谷贱明. 政府生态环境治理中存在的问题及对策分析[J]. 金卡工程：经济与法，2009（2）：9-11.

[7] 冯圆. 基于环境经营的排污成本管理研究[D]. 浙江理工大学，2016：3-5.

[8] 曹西莎. 政治宣传策划研究[D]. 长安大学，2009：7-9.

[9] 彼得·什托姆普卡. 信任：一种社会学理论[M]，程胜利，译.北京：中华书局，2005：32-35.

[10] 陈虹伶. 论我国非政府组织与政府间互相合作伙伴关系的构建——以湖南省科学技术协会为例[D]. 南昌大学，2011：45-47.

韶关制造业融入粤港澳大湾区发展研究
——基于广佛莞深主导产业的影响分析①

付　永

【摘　要】在粤港澳大湾区高质量发展和产业升级历史关键期，韶关需主动融入粤港澳大湾区，推进制造业高质量发展和产业升级。本课题充分挖掘韶关与粤港澳大湾区的广州、佛山、东莞、深圳四市时间序列数据，结合韶关第四次全国经济普查数据，在广东工业支柱产业和工业主导产业的框架内，探索韶关制造业融入粤港澳大湾区发展的困境、可能路径和产业升级的对策。研究表明，韶关制造业支柱产业与广佛莞深相同行业的变动趋势存在差异，韶关制造业与广佛莞深经济联系紧密程度差异很大，韶关制造业存在明显的优先发展次序差异，且作为广东主导产业（或支柱产业）的计算机通信相关产业和汽车制造在韶关的发展过慢，严重制约韶关制造业的高质量发展和产业升级。韶关制造业为了主动融入粤港澳大湾区，实现高质量发展和产业升级，必须在广东支柱产业和主导产业的框架内选择扶植产业，根据产业特征选择优先发展产业和产业政策重塑韶关制造业。

【关键词】韶关制造业；粤港澳大湾区；计算机通信；汽车制造；支柱产业

---

① 基金项目：韶关市统计局委托课题“韶关制造业融入粤港澳大湾区发展研究”。

一、引　言

（一）研究背景

1. 韶关制造业融入粤港澳大湾区的挑战

韶关制造业融入粤港澳大湾区高质量发展面临较大挑战。首先，韶关制造业支柱产业规模相对较小，如韶关计算机通信类产业的产值远远小于粤港澳大湾区核心城市广佛莞深同行业的产值。其次，韶关制造业支柱产业的技术水平相对不高，排名前十的制造业相比，韶关只有 2 个涉及高技术产业，广佛莞深分别有 5 个、6 个、4 个和 3 个涉及高技术产业，且韶关排名前三的制造业都不涉及高技术产业。最后，属于广东工业主导产业的韶关制造业发展速度过慢，如最近 10 年来，韶关的计算机通信类制造业和汽车制造业发展过慢。因此，探索韶关制造业如何融入粤港澳大湾区高质量发展和产业升级存在必要性和紧迫性。

2. 韶关制造业融入粤港澳大湾区的机遇

2019 年国家出台《粤港澳大湾区发展规划纲要》，提出加快转型升级制造业实体经济。2020 年广东提出发展新一代电子信息、汽车产业、软件与信息服务等十大战略性支柱产业集群，培育半导体与集成电路、智能机器人和数字创意等十大战略性新兴产业集群。韶关为了主动融入粤港澳大湾区，在 2019 年就已经制订了《韶关制造业高质量发展若干意见》，以大力推进韶关制造业高质量发展和产业升级。但韶关制造业如何融入粤港澳大湾区发展的研究相对不足，值得进一步深入探索。

（二）相关概念和研究内容

1. 相关概念

（1）支柱产业。支柱产业是指对国民经济影响大的产业，通常根据投入产出模型运用投入产出表计算产业的影响力系数或感应系数的大小判断，或者直接根据特定细分行业的产值占整个产业产值比重大小判断。但粤港澳大湾区只有广深编制了投入产出表，市级层面很难基于投入产出模型判断某产业是否属于支柱产业。本文根据特定细分行业产值占整个产业产值比重大小判断其是否属于支柱产业。

（2）主导产业。主导产业指国家或地方积极发展的成长性支柱产业，其属于在一国或一个地方的支柱产业，且国家或地方正通过政策扶植等途径大力发展，因而其相对规模不断扩张。例如 2011—2018 年，广东省计算机、通信和其他电子设备制造业和汽车制造占广东工业总产值的比重很大（不断提高），且相对规模持续扩张，因此两者是广东工业主导产业。

（3）成长性其他产业。本文把不属于支柱产业和相对规模（占整个行业或整个国民经济的比重）不断扩张的产业称为成长性其他产业。例如 2011—2018 年，广东的医药制造业、专用设备制造业、家具制造业和仪器仪表制造业等占工业产值的比重相对较小，相对规模持续扩张，属于广东成长性工业其他产业。

2. 研究内容

（1）根据 2011—2018 年韶关、广东和广佛莞深工业细分行业占各自工业总产值的比重大小和成长性，把韶关制造业分成制造业支柱产业和成长性制造业其他产业，把广东和广佛莞深的工业分为支柱产业、主导产业和成长性其他产业。其中，广佛莞深的主导产业和成长性其他产业根据广东的工业主导产业和成长性其他产业确定，韶关成长性制造业其他产业根据广东工业成长性其他产业确定。

（2）根据产业规模相对变动，量化 2011—2018 年韶关制造业支柱产业和成长性制造业其他产业与广佛莞深支柱产业、主导产业和成长性其他产业的变动趋势差异，量化韶关制造业支柱产业和成长性制造业其他产业与广佛莞深相关产业的互补关系和竞争关系，分析韶关主要制造业与广佛莞深经济联系密切程度的差异，探索韶关制造业融入粤港澳大湾区发展的产业选择对策。

（3）根据韶关制造业融入粤港澳大湾区面临的挑战，结合韶关制造业与粤港澳大湾区四个核心城市相关产业的变动趋势差异、互补关系和竞争关系分析，提出韶关制造业支柱产业在承接粤港澳大湾区产业转移的同时，把计算机通信和其他电子设备制造业作为韶关制造业主导产业，围绕该产业与汽车制造业重塑韶关制造业，主动融入粤港澳大湾区，实现高质量发展和产业升级。

（三）数据介绍和研究方法

1. 数据介绍

（1）数据来源。本课题数据包括韶关市 2018 年普查数据，2011—2018

年广东省和粤港澳大湾区四个核心城市（广佛莞深）GDP、农业、工业、服务业和工业详细行业的时间序列数据。韶关制造业和广佛莞深的工业根据广东统计年鉴分类，且数据来源于广东 2012—2019 年统计年鉴和广东工业统计年鉴。

（2）数据其他情况介绍。广东省和粤港澳大湾区四个核心城市（广佛莞深）农业产出占 GDP 比重相对较小，虽然广东省和粤港澳大湾区四个核心城市（广佛莞深）服务业占 GDP 比重很大，但服务业细分行业分类数据很难获得。因此，在数据分析中本课题把广东和粤港澳大湾区四个核心城市农业归类为其他产业作为一个整体引入，服务业则归类为一个主导产业作为整体引入。

2. 研究方法

（1）通过统计分析，把 2011—2018 年广东工业细分行业产值占工业总产值比重均值排序前 15 的归类为广东工业支柱产业（累计产值 80.75%），其中比重年均提高大于零的 3 个支柱产业归类为广东工业主导产业（累计产值 33.63%），把 15 个工业支柱产业之外和 2011—2018 年工业细分行业产值比重年均提高大于零的 5 个工业行业归类为广东成长性工业其他产业（累计产值 7.00%）。其中，本文把广东工业主导产业和服务业合称广东主导产业。

（2）通过统计分析分别把韶关和广佛莞深工业细分行业产值占各自工业总产值比重排名前 12、14、14、10 和 12 的产业归类为各自的工业支柱产业，其占各自工业总产值比重均值累计分别是 81.84%、81.79%、87.07%、82.41%和 84.86%。本文重点研究属于广东工业支柱产业的 9 个韶关制造业支柱产业（累计产值 71.27%），属于广东工业支柱产业的 5 个韶关制造业其他产业（累计产值 5.81%）和属于广东成长性工业其他产业的 5 个韶关制造业其他产业（累计产值 4.13%）。

（3）通过统计交叉分析，研究韶关制造业与粤港澳大湾区四核心城市工业支柱产业和主导产业等的变动趋势差异，探索韶关与粤港澳大湾区的产业差异化发展的对策。通过相关分析的交叉对比分析，量化韶关制造业与粤港澳大湾区工业支柱产业和主导产业的关系，探索韶关制造业的产业优先发展问题。

二、基于粤港澳大湾区视角的韶关制造业特征分析

（一）基于粤港澳大湾区视角的韶关制造业重点产业分析

1. 属于广东工业支柱产业的 9 个韶关制造业支柱产业

属于广东工业支柱产业的 9 个韶关制造业支柱产业包括文教、工美、体育和娱乐用品制造业，化学原料和化学制品制造业，非金属矿物制品业，黑色金属冶炼和压延加工业，有色金属冶炼和压延加工业，金属制品业，机械和器材制造业，计算机通信电子设备制造业，电力热力生产和供应业。2011—2018 年，其产值占韶关工业总产值比重均值累计为 71.27%（广东相对应产业该值为 61.0%）。

2. 属于广东工业支柱产业的 5 个韶关制造业其他产业

属于广东工业支柱产业的韶关制造业其他产业包括农副食品加工业、纺织服装和服饰业、橡胶和塑料制品业、通用设备制造业和汽车制造业。在 2011—2018 年，虽然这 5 个韶关制造业其他产业的产值占韶关工业总产值比重均值累计仅为 5.81%，但这 5 个相对应产业产值占广东工业总产值比重均值累计达到 19.92%。

3. 属于广东成长性工业其他产业的 5 个韶关制造业其他产业

属于广东成长性工业其他产业的韶关制造业其他产业包括家具制造业、造纸和纸制品业、医药制造业、专用设备制造业和仪器仪表制造业。在 2011—2018 年，这 5 个韶关制造业其他产业的产值占韶关工业总产值比重均值累计仅为 4.13%，但这 5 个相对应产业产值占广东工业总产值比重均值累计达到 7.00%。

（二）韶关制造业与广佛莞深同行业变动趋势差异特征分析

1. 属于广东工业主导或支柱产业的韶关制造业支柱产业

属于广东工业主导或支柱产业的韶关制造业支柱产业或主导产业与粤港澳大湾区核心城市广佛莞深同行业的变动趋势存在较大差异。

计算机通信设备制造业在广东、韶关和莞深各自工业中的相对规模不断扩大，但在广佛其相对规模不断缩小；金属制品业在广东和广深各自工业中的相对规模不断缩小，韶关和莞佛其相对规模不断扩大。其他产业情况见表 1。

表 1　属于广东工业主导或支柱产业的韶关制造业支柱产业与广佛莞深同行业变动差异对比分析

各项指标 韶关制造业支柱产业		2011—2018：产业相对规模排名、变动和类型（是否支柱产业）																	
		韶关			广东			广州			深圳			佛山			东莞		
属于广东工业主导或支柱产业		规模	类型	排名	规模	类型	排名	规模	类型	排名	规模	类型	排名	规模	类型	排名	规模	类型	排名
1	非金属矿物制品业	+	Y	5	+	Y	8	+	N	25	…	N	13	+	Y	3	+	N	16
2	计算机、通信和其他电子设备制造业	+	Y	9	+	Y	1	-	Y	2	+	Y	1	-	Y	6	+	Y	1
3	电力、热力生产和供应业	+	Y	2	-	Y	3	+	Y	4	-	Y	4	+	Y	14	-	Y	3
4	化学原料和化学制品制造业	+	Y	3	-	Y	5	-	Y	3	-	N	14	+	Y	7	-	Y	12
5	有色金属冶炼和压延加工业	+	Y	4	-	Y	13	+	Y	14	+	N	11	+	Y	4	-	N	22
6	金属制品业	+	Y	7	-	Y	6	-	N	16	-	Y	8	+	Y	2	+	Y	8
7	电气机械和器材制造业	+	Y	8	-	Y	2	-	Y	5	+	Y	2	-	Y	1	-	Y	2
8	黑色金属冶炼和压延加工业	-	Y	1	-	Y	15	-	Y	9	-	N	31	-	Y	13	-	N	25
9	文教、工美、体育和娱乐用品制造业	-	Y	6	-	Y	9	-	N	21	-	Y	3	-	Y	9	-	Y	10
各产业占各自工业总产值的百分比合计		**71.27**			**61.04**			**44.13**			**79.43**			**63.28**			**64.15**		

注：①Y 表示属于对应市（省）工业支柱产业，N 表示不属于。②“…”“-”和“+”分别表示相对规模不变、缩小和扩大。③相对规模用每个细分行业在各自城市或广东工业总产值比重表示。④根据 2011—2018 年不同产业占工业总产值百分比的均值排名。

2. 属于广东工业主导或支柱产业的韶关制造业其他产业

属于广东工业主导或支柱产业的韶关制造业其他产业与粤港澳大湾区核心城市广佛莞深同行业的变动趋势存在较大差异。

汽车制造业在广东、广佛莞深各自工业中的相对规模不断扩大，但在韶关其相对规模保持不变；通用设备制造业在韶关和广佛各自工业中的相对规模不断扩大，但在广东和莞深其相对规模不断缩小等。其他产业情况见表 2。

表 2 属于广东工业主导或支柱产业的韶关制造业其他产业与广佛莞深同行业对比分析

各项指标 韶关制造业 其他产业		2011—2018：产业相对规模排名、相对规模变动和类型（是否支柱产业）																	
		韶关			广东			广州			深圳			佛山			东莞		
属于广东工业主导或支柱产业		**规模**	类型	排名	**规模**	类型	排名	**规模**	类型	排名	**规模**	类型	排名	**规模**	类型	排名	**规模**	类型	排名
1	通用设备制造业	+	N	14	-	Y	11	+	Y	7	-	Y	7	+	Y	8	-	Y	6
2	农副食品加工业	+	N	16	-	Y	14	-	Y	11	-	N	17	+	N	18	-	Y	9
3	橡胶和塑料制品业	…	N	18	-	Y	7	-	Y	13	-	Y	6	-	Y	5	-	Y	5
4	汽车制造业	…	N	24	+	Y	4	+	Y	1	+	Y	9	+	Y	11	+	N	19
5	纺织服装、服饰业	-	N	27	-	Y	10	-	Y	12	-	N	15	-	N	15	-	N	7
各产业占工业总产值的百分比合计		**5.81**			**19.92**			**33.41**			**8.79**			**16.43**			**16.92**		

注：①Y 表示属于本市（省）工业支柱产业，N 表示不属于。②“…”“-”和“+”分别表示相对规模不变、缩小和扩大。③相对规模用每个细分行业在各自城市或广东工业总产值比重表示。④根据 2011—2018 年不同产业占工业总产值百分比的均值排名。

3. 属于广东成长性工业其他产业的韶关制造业其他产业

属于广东成长性工业其他产业的韶关制造业其他产业与粤港澳大湾区核心城市广佛莞深同行业变动趋势存在较大差异。

专用设备制造业在广东和广佛莞深各自的工业中相对规模不断扩大，但在韶关其相对规模不断缩小；造纸和纸制品业在韶关、广佛的工业中相对规模不断扩大，但其在莞深的相对规模却不断缩小。其他产业情况见表 3。

表 3 属于广东成长性工业其他产业的韶关制造业其他产业与广佛莞深同行业变动差异分析

各项指标 韶关制造业 其他产业		2011—2018：产业相对规模排名、相对规模变动和类型（是否支柱产业）																	
		韶关			广东			广州			深圳			佛山			东莞		
属于广东成长性工业其他产业		规模	类型	排名	规模	类型	排名	规模	类型	排名	规模	类型	排名	规模	类型	排名	规模	类型	排名
1	专用设备制造业	-	N	17	+	N	17	+	N	22	+	Y	5	+	Y	**12**	+	N	14
2	医药制造业	+	N	21	+	N	22	+	N	19	+	N	16	+	N	27	…	N	29
3	仪器仪表制造业	+	N	23	+	N	27	-	N	28	+	Y	10	+	N	28	…	N	18
4	造纸和纸制品业	+	N	25	+	N	19	-	N	26	-	N	20	+	N	19	-	Y	**4**
5	家具制造业	-	N	28	+	N	20	+	N	25	-	N	21	+	N	16	-	N	13
各产业占工业总产值的百分比合计		**4.13**			**7.00**			**4.80**			**6.04**			**7.77**			**10.02**		

注：①Y 表示属于本市（省）工业支柱产业，N 表示不属于。②“…”“-”和“+”分别表示相对规模不变、缩小和扩大。③相对规模用每个细分行业在各自城市或广东工业总产值比重表示。④根据 2011—2018 年不同产业占工业总产值百分比的均值排名。

（三）韶关制造业与广佛莞深经济联系紧密程度差异特征分析

1. 属于广东工业主导或支柱产业的韶关制造业支柱产业

属于广东工业主导或支柱产业的韶关制造业关键与粤港澳大湾区核心城市广佛莞深经济联系密切程度存在较大差异。

韶关的计算机通信和其他电子设备制造业累计与广佛莞深各自的农业、服务业和 35 个工业支柱产业正相关，累计与其中的 9 个主导产业正相关；韶关黑色金属冶炼和压延加工业分别累计与其中的 2 个产业正相关和 0 个主导产业正相关。其他产业的情况见表 4。

表 4　属于广东工业主导或支柱产业的韶关制造业支柱产业与粤港澳大湾区广佛莞深整体经济关系总结

相关关系合计 / 韶关制造业支柱产业		农业、服务业和工业支柱产业（广州、深圳、佛山和东莞）							
		是否属于广东主导或支柱产业						广东主导产业：服务业；计算机通信和其他电子设备制造业；汽车制造业；非金属矿物制品业	
		是		否		合计			
属于广东工业主导或支柱产业		正	负	正	负	正	负	正	负
1	非金属矿物制品业	17	1	5	0	22	1	4	0
2	计算机、通信和其他电子设备制造业	25	2	10	1	35	3	9	0
3	电力、热力生产和供应业	17	1	5	0	22	1	4	0
4	化学原料和化学制品制造业	14	0	1	0	15	0	3	0
5	有色金属冶炼和压延加工业	31	1	11	1	42	2	11	0
6	金属制品业	32	2	10	0	42	2	11	0
7	电气机械和器材制造业	19	1	6	0	25	1	7	0
8	黑色金属冶炼和压延加工业	2	1	1	1	3	2	0	0
9	文教、工美、体育和娱乐用品制造业	6	4	1	2	7	6	1	1

注：①“是“表示广佛莞深工业支柱产业属于广东的支柱产业或主导产业；“否”表示广佛莞深工业支柱产业不属于广东的支柱产业或主导产业；“合计”表示全部广佛莞深的支柱产业。②本文把服务业、计算机通信和其他电子设备制造业、汽车制造业（GD）和非金属矿物制品业（GD）定义为广东主导产业。③正表示正相关，负表示负相关。

2. 属于广东工业主导或支柱产业的韶关制造业其他产业

属于广东工业主导或支柱产业的韶关制造业其他产业与粤港澳大湾区核心城市广佛莞深经济联系的密切程度有较大差异。

韶关汽车制造业累计与广佛莞深各自的农业、服务业和 10 个工业支柱产业正相关，累计与其中的 1 个广东主导产业正相关；韶关通用设备制造业分别累计与其中的 26 个产业正相关和 7 个主导产业正相关。其他产业情况见表 5。

表 5　属于广东工业主导或支柱产业的韶关制造业其他产业与粤港澳大湾广佛莞深整体经济关系总结

<table>
<tr><td colspan="2" rowspan="3">相关关系
韶关制造业其他产业</td><td colspan="8">农业、服务业和工业支柱产业
（广州、深圳、佛山和东莞）</td></tr>
<tr><td colspan="6">是否属于广东主导或
支柱产业</td><td colspan="2" rowspan="2">广东主导产业：服务业；计算机通信和其他电子设备制造业；汽车制造业；非金属矿物制品业</td></tr>
<tr><td colspan="2">是</td><td colspan="2">否</td><td colspan="2">合计</td></tr>
<tr><td colspan="2">属于广东工业主导或
支柱产业</td><td>正</td><td>负</td><td>正</td><td>负</td><td>正</td><td>负</td><td>正</td><td>负</td></tr>
<tr><td>1</td><td>通用设备制造业</td><td>19</td><td>2</td><td>7</td><td>0</td><td>26</td><td>2</td><td>7</td><td>0</td></tr>
<tr><td>2</td><td>农副食品加工业</td><td>17</td><td>1</td><td>2</td><td>0</td><td>19</td><td>1</td><td>4</td><td>0</td></tr>
<tr><td>3</td><td>橡胶和塑料制品业</td><td>13</td><td>0</td><td>1</td><td>0</td><td>14</td><td>0</td><td>3</td><td>0</td></tr>
<tr><td>4</td><td>汽车制造业</td><td>9</td><td>0</td><td>1</td><td>0</td><td>10</td><td>0</td><td>1</td><td>0</td></tr>
<tr><td>5</td><td>纺织服装、服饰业</td><td>7</td><td>3</td><td>1</td><td>0</td><td>8</td><td>3</td><td>1</td><td>2</td></tr>
</table>

注：①“是”表示广佛莞深工业支柱产业属于广东的支柱产业或主导产业；“否”表示广佛莞深工业支柱产业不属于广东的支柱产业或主导产业；“合计”表示全部广佛莞深的支柱产业。②本文把服务业、计算机通信和其他电子设备制造业、汽车制造业（GD）和非金属矿物制品业（GD）定义为广东主导产业。③正表示正相关，负表示负相关。

3. 属于广东成长性工业其他产业的韶关制造业其他产业

属于广东成长性工业其他产业的韶关制造业其他产业与粤港澳大湾区核心城市广佛莞深经济联系密切程度差异较大。

韶关专用设备制造业累计与广佛莞深各自的农业、服务业和 14 个工业支柱产业正相关，和其中的 2 个主导产业正相关；韶关造纸和纸制品业分别累计与其中的 40 个产业、10 个主导产业正相关。其他产业情况见表 6。

表 6　属于广东成长性工业产业的韶关制造业其他产业与粤港澳大湾区四个核心城市经济关系总结

相关关系 韶关制造业其他产业		农业、服务业和工业支柱产业（广州、深圳、佛山和东莞）							
		是否属于广东主导或支柱产业						属于广东主导产业：服务业；计算机通信和其他电子设备制造业；汽车制造业；非金属矿物制品业	
		是		否		合计			
属于广东成长性工业其他产业		正	负	正	负	正	负	正	负
1	专用设备制造业	13	0	1	0	14	0	2	0
2	造纸和纸制品业	30	2	10	1	40	3	10	0
3	家具制造业	5	0	0	0	5	0	1	0
4	医药制造业	12	1	3	0	15	1	4	0
5	仪器仪表制造业	27	3	8	0	35	3	11	0

注：①“是”表示广佛莞深工业支柱产业属于广东的支柱产业或主导产业；“否”表示广佛莞深工业支柱产业不属于广东的支柱产业或主导产业；“合计”表示全部广佛莞深的支柱产业。②本文把服务业、计算机通信和其他电子设备制造业、汽车制造业（GD）和非金属矿物制品业（GD）定义为广东主导产业。③正表示正相关，负表示负相关。

（四）韶关制造业优先发展次序差异的特征分析

1. 属于广东工业主导或支柱产业的韶关制造业支柱产业

属于广东工业主导或支柱产业的韶关制造业支柱产业优先发展次序差异明显。

在粤港澳大湾区四个核心城市经济整体的框架内，韶关制造业支柱产业优先发展的是金属制品业和有色金属冶炼和压延加工业，次优先发展计算机通信设备制造业和电气机械和器材制造业，其他产业优先发展次序见表 7。

表 7　属于广东工业主导或支柱产业的韶关制造业支柱产业优先发展选择总结表

各项指标 / 韶关制造业支柱产业		基于与广佛莞深经济整体联系密切程度的韶关制造业优先发展次序							
		广佛莞深主导产业、支柱产业或整体经济				广佛莞深个体（支柱产业）			
		主导或支柱产业		整体经济和主导产业					
属于广东工业主导或支柱产业		是	否	整体经济	主导产业	广州	深圳	佛山	东莞
1	非金属矿物制品业	3	4	3	4	4	4	3	3
2	计算机、通信和其他电子设备制造业	2	2	3	2	5	1	4	2
3	电力、热力生产和供应业	3	4	3	4	4	4	1	4
4	化学原料和化学制品制造业	3	5	3	5	3	4	5	5
5	有色金属冶炼和压延加工业	1	1	1	1	2	1	2	1
6	金属制品业	1	1	1	1	1	2	2	2
7	电气机械和器材制造业	2	3	2	3	3	3	1	3
8	黑色金属冶炼和压延加工业	4	6	4	7	6	3	7	6
9	文教、工美、体育和娱乐用品制造业	5	6	5	6	5	5	6	6

注：①“是”表示广佛莞深工业支柱产业属于广东的支柱产业或主导产业；“否”表示广佛莞深工业支柱产业不属于广东的支柱产业或主导产业；“整体经济”表示全部广佛莞深的支柱产业；“主导产业”表示广佛莞深支柱产业中的主导产业。②本文把服务业、计算机通信和其他电子设备制造业、汽车制造业和非金属矿物制品业定义为广东主导产业。

2. 属于广东工业主导或支柱产业的韶关制造业其他产业

属于广东工业主导或支柱产业的韶关制造业其他产业优先发展次序差异明显。见表 8。

表 8　属于广东工业主导或支柱产业的韶关制造业其他产业优先发展选择总结表

各项指标 韶关制造业其他产业		基于与广佛莞深经济整体联系密切程度的韶关制造业优先发展次序							
		广佛莞深主导产业、支柱产业或整体经济				广佛莞深个体（支柱产业）			
		主导或支柱产业		整体经济和主导产业					
属于广东工业主导或支柱产业		是	否	整体经济	主导产业	广州	深圳	佛山	东莞
1	通用设备制造业（SG）	1	1	1	1	1	1	1	1
2	农副食品加工业（SG）	1	2	1	2	1	2	1	2
3	橡胶和塑料制品业（SG）	1	3	1	3	1	2	2	2
4	汽车制造业（SG）	2	4	2	4	3	2	3	2
5	纺织服装、服饰业（SG）	3	5	3	5	2	3	4	3

注：①“是”表示广佛莞深工业支柱产业属于广东的支柱产业或主导产业；“否”表示广佛莞深工业支柱产业不属于广东的支柱产业或主导产业；“整体经济”表示全部广佛莞深的支柱产业；“主导产业”表示广佛莞深支柱产业中的主导产业。②本文把服务业、计算机通信和其他电子设备制造业、汽车制造业和非金属矿物制品业定义为广东主导产业。

在粤港澳大湾区四个核心城市经济整体的框架内，属于广东工业主导或支柱产业的韶关制造业其他产业优先发展的是通用设备制造业、农副食品加工业和橡胶和塑料制品业，次优先发展汽车制造，纺织服装服饰业排在最后。

3. 属于广东成长性工业其他产业的韶关制造业其他产业

属于广东成长性工业其他产业的韶关制造业其他产业优先发展次序差异明显（见表 9）。

在粤港澳大湾区四个核心城市经济整体的框架内，属于广东成长性工业主导产业的韶关制造业其他产业优先发展的是造纸和纸制品业和仪器仪表制造业，次优先发展专用设备制造业和医药制造业，家具制造业排在最后。

表 9　基于与广东成长性工业其他产业的韶关制造业其他产业优先发展选择总结表

各项指标 / 韶关制造业其他产业		基于与广佛莞深经济整体联系密切程度的韶关制造业优先发展次序							
		广佛莞深主导产业、支柱产业或整体经济				广佛莞深个体（支柱产业）			
		主导或支柱产业		整体经济和主导产业					
属于广东成长性工业其他产业		是	否	整体经济	主导产业	广州	深圳	佛山	东莞
1	专用设备制造业	1	4	2	4	3	3	2	2
2	医药制造业	2	3	2	3	1	3	2	3
3	仪器仪表制造业	2	1	2	1	2	2	1	1
4	造纸和纸制品业	1	2	1	2	1	1	1	1
5	家具制造业（SG）	2	5	3	5	4	3	3	4

注：①“是”表示广佛莞深工业支柱产业属于广东的支柱产业或主导产业；“否”表示广佛莞深工业支柱产业不属于广东的支柱产业或主导产业；“整体经济”表示全部广佛莞深的支柱产业；“主导产业”表示广佛莞深支柱产业中的主导产业。②本文把服务业、计算机通信和其他电子设备制造业、汽车制造业和非金属矿物制品业定义为广东主导产业。

三、韶关制造业融入粤港澳大湾区高质量发展的对策分析

（一）基于粤港澳大湾区的视角选择韶关制造业扶植产业

1. 韶关制造业短期和中期扶植产业的选择分析

在短期和中期内，韶关或许可重点扶植属于广东工业支柱产业的文教工、美体、育和娱乐用品制造业，化学原料和化学制品制造业，黑色金属冶炼和压延加工业，有色金属冶炼和压延加工业，金属制品业，机械和器材制造业共六个韶关制造业支柱产业，扶植属于广东工业支柱产业的韶关制造业其他产业包括农副食品加工业、纺织服装和服饰业、橡胶和塑料制品业和通用设备制造业四个产业。

2. 韶关制造业中期和长期扶植产业的选择分析

在中期和长期内，韶关或许可重点扶植属于广东工业支柱产业的计算机通信电子设备等制造业和非金属矿物制品业、属于广东工业支柱产业的汽车制造业和属于广东成长性工业其他产业的 5 个韶关制造业其他产业（包括家具制造业、造纸和纸制品业、医药制造业、专用设备制造业、仪器仪表制造业）。

3. 韶关制造业长期扶植产业的选择分析

韶关可根据《广东省人民政府关于培育发展战略性支柱产业集群和战略性新兴产业集群的意见》，基于新一代电子信息、智能家电、汽车产业、先进材料、软件与信息服务和超高清视频显示等十大战略性支柱产业集群的产业需求，结合半导体与集成电路、高端装备制造、智能机器人、区块链与量子信息、前沿新材料、新能源、激光与增材制造、数字创意、精密仪器设备等十大战略性新兴产业集群的产业需求，围绕计算机通信和汽车制造重塑韶关制造业。

（二）承接产业转移与招商引资相结合推动韶关制造业发展

1. 属于广东工业主导或支柱产业的韶关制造业支柱产业发展对策

首先，属于广东工业主导产业的韶关制造业支柱产业发展对策。非金属制品和计算机信息产业属于广东工业主导产业，韶关可通过广佛莞深供应链的建设途径发展非金属矿物制品业，且通过从广佛承接产业转移，发展莞深供应链，发展计算机通信和其他电子设备制造业。其次，属于广东工业支柱产业（非主导产业）的韶关制造业支柱产业发展对策。通过从广深莞承接产业转移，发展成佛山供应链，发展化学原料化学制品制造业；通过从东莞承接产业转移，发展成广佛深产业供应链，发展有色金属冶炼和压延加工业；通过承接广深产业转移，发展成莞佛产业供应链，发展金属制品业；通过承接广佛莞产业转移，发展成深圳产业供应链，发展电气机械和器材制造业；通过承接广佛莞深产业链，发展文教工美和娱乐用品制造业等。

2. 属于广东工业主导或支柱产业的韶关制造业其他产业发展对策

首先，属于广东工业主导产业的韶关制造业其他产业发展对策。汽车制造属于广东工业主导产业，但韶关发展汽车制造没有优势，而广佛莞深的汽车制造业相对规模都不断扩张。因此，韶关可围绕广佛莞深汽车制造业的需求发展汽车制造业，特别是建设汽车零部件配套基地。其次，属于广东工业支柱产业（非主导产业）的韶关制造业其他产业发展对策。通过承接莞深产业转移，发展成广佛产业供应链，发展通用设备制造业；通过承接广莞深产业转移，发展成佛山产业供应链，发展农副食品加工业；通过承接广佛莞深产业转移的途径，发展橡胶塑料制品业和纺织服装服饰业。

3. 属于广东成长性工业其他产业的韶关制造业其他产业发展对策

首先，属于广东成长性工业其他产业，且相对规模缩小的韶关制造业其他产业发展对策。通过承接广佛莞深产业转移的途径发展专用设备制造业，通过承接莞深产业转移，发展成广佛产业供应链，发展家具制造业。其次，属于广东成长性工业其他产业，且相对规模扩大的韶关制造业其他产业发展对策。通过承接广深莞产业转移，发展成佛山产业供应链，发展造纸和纸制品业；通过发展成为广佛莞深产业供应链，发展医药制造业；通过承接广州产业转移，发展成佛深产业供应链，发展仪器仪表制造业。

（三）围绕计算机通信产业与汽车制造产业重塑韶关制造业

1. 韶关把计算机通信相关产业作为制造业主导产业的依据

（1）计算机通信和其他电子设备制造业是广东支柱产业和主导产业。在 2011—2018 年，在广东工业支柱产业中只有计算机通信和其他电子设备制造业、汽车制造业两个产业的相对规模快速扩张。期间两者占广东工业总产值比重分别年均提高 0.9 个百分点和 0.27 个百分点，两者占广东工业总产值比重合计由 2011 年的 26. 92%上升到 35. 16%，表明两者属于粤港澳大湾区当前和未来的工业主导产业。因此，韶关把计算机和通信与其他电子设备制造业作为制造业主导产业符合粤港澳大湾区产业升级的趋势。

（2）韶关计算机通信和其他电子设备制造业与粤港澳大湾区产业联系紧密。基于韶关制造业支柱产业与粤港澳大湾区四个核心城市（广佛莞深）主导产业联系密切程度，韶关最优先发展的制造业支柱产业是有色金属冶炼和压延加工业和金属制品业两个产业，次优先发展计算机通信和其他电子设备制造业和电气机械和器材制造业。但 2011—2018 年，有色金属冶炼压延加工业和金属制品业在广东的相对规模不断缩小，不适合作为韶关制造主导产业。

（3）韶关计算机通信与其他电子设备制造业已经有一定基础。虽然韶关计算机通信与其他电子设备制造业产值占韶关工业总产值的比重年均提高慢于广东的 0.9 个百分点、深圳的 0.57 个百分点和东莞的 2.47 个百分点（但在广州和佛山该产业的比重下降），但其由 2011 年的 2.65%上升到 2018 年的 4.55%，年均提高 0.27 个百分点。因此，把计算机通信与其他电子设备制造业作为韶关制造业主导产业发展具备一定的基础条件。

2. 韶关围绕计算机通信与汽车制造等重塑制造业的可能性

（1）粤港澳大湾区的产业与韶关计算机通信等产业互补性强。韶关计算机通信相关产业与广州的服务业、汽车制造业、通用设备制造业和食品制造业存在显著互补性（4 个支柱产业），且其与深圳的服务业、计算机通信其他电子设备制造业、汽车制造业和仪器仪表制造业等存在显著互补性（10 个支柱产业）。韶关计算机通信相关产业与佛山的服务业、金属制品业、通用设备制造业、汽车制造业、专用设备制造业存在显著互补性（8 个支柱产业），且其与东莞的服务业、计算机通信其他电子设备制造业、通用设备制造业和金属制品业等存在显著互补关系（8 个支柱产业）。

（2）粤港澳大湾区计算机通信等产业与韶关制造业互补性强。广州的计算机相关产业与韶关的非金属矿物制品业、通用设备制造业、电气机械和器材制造业等 9 个制造业支柱产业和五个韶关成长性制造业其他产业存在显著互补性。深圳的计算机相关产业与韶关的计算机通信和其他电子设备制造业、有色金属冶炼和压延加工业，金属制品业 3 个制造业支柱产业和 4 个韶关成长性制造业其他产业显著互补。且佛山的计算机相关产业与韶关的化学原料化学制品制造业、金属制品业、电气机械和器材制造业等 8 个韶关制造业支柱产业和 3 个成长性制造业其他产业存在显著互补性。东莞的计算机相关产业与韶关的计算机通信和其他电子设备制造业、有色金属冶炼压延加工业和金属制品业 3 个支柱产业与 4 个韶关成长制造业其他产业存在较强互补性。

（3）粤港澳大湾区汽车制造业与韶关制造业互补性强。汽车制造业不属于韶关制造业优先发展的产业，但粤港澳大湾区广佛莞深四个核心城市的汽车制造业与韶关制造业支柱产业存在较为紧密的联系。广州和深圳汽车制造业与韶关计算机通信和其他电子设备制造业、有色金属冶炼和压延加工业和金属制品业 3 个制造业支柱产业和 4 个韶关成长性制造业产业存在显著互补关系。佛山汽车制造业与韶关非金属矿物制品业、计算机通信和其他电子设备制造业、有色金属冶炼压延加工业和金属制品业等 8 个制造业支柱产业存在显著互补性，且还与 5 个韶关成长性制造业产业存在显著互补关系。

3. 围绕计算机通信产业与汽车制造产业重塑韶关制造业的对策

（1）建立韶关制造业产业经济发展研究院。韶关制造业产业经济发展研究院的职责在于摸清粤港澳大湾区支柱产业对计算机通信和汽车制造相关产业的需求环节，把握粤港澳大湾区计算机通信和汽车制造对广东十大支柱产业和新兴产业的需求环节，进而结合韶关计算机通信和汽车制造相关产业的发展现状，提出定向招商引资和承接产业转移的政策建议。

（2）推动韶关计算通信和汽车制造关联产业区域集聚。韶关可以通过政策引导和资金支持，选择交通便利、距离主城区（或商业中心区）较近和教育医疗等设施完善的区域，开辟电子信息制造和汽车制造产业园，推动韶关计算机通信类产业和汽车制造关联产业区域集聚，在此基础上引进和留住专业技术人才，促进韶关制造业高质量发展和产业升级。

（3）整合韶关计算机通信和汽车制造关联产业专业人才资源。在产业区域集聚的基础上，韶关可通过以下途径整合韶关计算机通信和汽车制造关联产业的人才资源：①加强韶关制造业行业与韶关学院的联系，推动韶关学院计算机通信和机械制造等相关专业科研成果转换；②加强韶关市政府与韶关学院合作，推动韶关学院计算机通信和机械制造等相关专业培养硕士研究生（申硕），培养韶关本土专业人才；③加强韶关市政府与省教育厅合作，推动韶关学院计算机通信和机械制造等相关专业生源地向粤西北和中西部落后地区适当倾斜，提高相关专业毕业生留在韶关的比例。

四、研究结论

韶关制造业融入粤港澳大湾区高质量发展和产业升级的途径在于，充分发挥区位优势和利用粤港澳大湾区产业升级的历史机遇，围绕计算机通信产业和汽车制造业重塑韶关制造业。因此，未来或许需进一步研究，并最终制定围绕计算机通信产业与汽车制造产业重塑韶关制造业的产业政策，推动韶关制造业产业升级，实现韶关制造业高质量发展。

注 释

[1] 刘起运. 关于投入产出系数结构分析方法的研究[J]. 统计研究，2002（2）：40-42.

[2] 杨灿. 产业关联测度方法及其应用问题探析[J]. 统计研究，2005（9）：72-74.

[3] 刘遵义，等. 非竞争型投入占用产出模型及应用——中美贸易顺差透视[J]. 中国社会科学，2007（5）：91-103.

[4] 杨灿. 国民经济统计学——国民经济核算原理[M]. 北京：科学出版社，2014：92-94.

[5] 杨灿. 产业关联测度的净乘数法问题研究[J]. 厦门大学学报（哲学社会科学版），2019（3）：46-54.

[6] Albert Otto. Hirschman. The Strategy of Economics[M]. New Haven：Yale University Press，1958：100-105.

[7] Chenery H B, Watanabe T. International Comparisons of the Structure of Production[J]. Econometrica：Journal of Econometric Society，1958：490-515.

[8] Augustinovics M. Methods of International and Intertemporal Comparison of Structure in A P Cater and A Brody（eds），Contributions to Input-output Analysis[M]. Amsterdam：North-Holland，1970：249-269.

韶关市产业结构调整优化与转型升级研究
——基于第四次经济普查数据分析①

许树辉

【摘　要】作为粤北生态发展区的重点城市，韶关产业结构调整、转型与优化升级成为必然趋势。本研究利用第四次经济普查中第二、三产业（行业）数据，对韶关市产业结构现状与特征、问题与成因进行研判，提出韶关产业结构调整与优化、产业转型与升级的基本路径，为韶关实现绿色发展、生态发展、跨越式发展提供可行方案。

【关键词】产业结构；现状特征；原因探究；优化建议

产业结构是指生产要素在各产业部门间的比例构成和它们之间相互依存、相互制约的联系。区域产业结构调整与优化、区域产业转型与升级，一直以来是区域经济学者、经济地理学者长期研究的重要课题，也是各级政府十分关注的话题。在经济全球化、国际分工与协作日益深化以及全球性竞争日益激烈的大背景下，只有通过产业结构调整与优化、产业转型与升级，不断增强区域产业自身竞争力和创新能力，区域才有机会参与并赢得全球竞争，社会经济才能获得持续健康发展。韶关，历史上曾是华南重工业基地，在广东省、华南地区甚至是全国经济社会发展过程中扮演了极为重要的角色，作出了重大的历史贡献。然而，自改革开放以来，韶关市与珠三角地区城市，无论是在经济总量上还是在发展速度、发展质量上，差距都十分明显。韶关对广东省和粤北山区的经济贡献在大幅度下降，地方财政收入在全省总量中的占比大幅度收缩。资源枯竭型城市、人口收缩型城市、产业结构不合理、产业与就业不匹

① 基金项目：韶关市统计局委托课题“韶关市产业结构调整优化与转型升级研究”。

配、产业与城市（镇）不融合、传统产业污染严重，生产线技改、自动化升级困难，技术创新动力不足等结构问题未得到有效解决，产业结构及其深层次的固化问题，行业结构、产品结构和价值链结构未进行系统性地梳理、归纳和总结。与此同时，韶关南岭山区的地理位置，赋予了韶关丰富的森林生态资源，成为北江流域重要的水源涵养地和生态保护区。基于国家主体功能区和广东省区域发展的需要，2018 年韶关被确定为“北部生态发展区”，传统产业转型成为必然。“以保护和修复生态环境、提供生态产品为首要任务”“大保护、不搞大开发，在高水平保护中实现高质量发展，筑牢全省生态屏障”“生态发展、绿色发展”等指导性方略，为韶关产业结构调整与优化、产业转型与升级指明了方向，但韶关在产业、行业、产品和价值链结构解构和重构上，仍不明晰、不够具体，理念与操作衔接不到位，存在脱节现象。基于此，课题组利用第四次经济普查中第二、三产业（行业）数据，对韶关市产业结构现状与特征、问题与成因进行研判，提出韶关产业结构调整与优化、产业转型与升级的基本路径。在理论上，课题成果可为经济欠发达地区产业结构研究、区域产业分工与协作、区域协调协同发展等提供理论和方法指导；在实践上，课题成果对于破解韶关“北部生态发展区”产业发展约束问题，指导韶关产业结构调整与转型，推进韶关产业结构高级化与创新升级，为进一步缩小与珠三角等核心发展区差距，实现韶关绿色发展、生态发展、跨越式发展提供实践方案。

一、韶关产业结构现状与特征研判

课题组利用第四次经济普查中第二、第三大产业（行业）数据，在综合考虑广东统计年鉴、韶关统计年鉴数据的基础上，分别从产业结构、行业结构、产品结构和价值链结构四个角度，对韶关产业结构、现状和特征进行研究。

（一）产业结构及其特征研判

1. 产业增加值结构现状及其特征研判

由韶关市第四次经济普查数据可知，2018 年韶关市地区生产总值（GDP）合计 1217.48 亿元。其中，第一产业增加值为 156.31 亿元，占 GDP 比重的 12.8%；第二产业增加值为 422.29 亿元，占 GDP 比重的 34.7%；

第三产业增加值为 638.88 亿元，占 GDP 比重的 52.5%。与韶关市第三次（2013 年）经济普查数据相比较，2018 年韶关 GDP 总量增加了 1.36 倍，年均增速为 6.0%。其中，第二产业增加值增加了 1.19 倍，年均增速 3.5%；第三产业增加值增加了 1.50 倍，年均增速为 8.3%。三大产业增加值结构由第二次（2008 年）经济普查的 13.8：45.4：40.8，调整为第三次（2013 年）经济普查的 13.0：39.5：47.5，再进一步调整到第四次（2018 年）经济普查的 12.8：34.7：52. 5，三大产业增加值结构呈现出由“二、三、一”向“三、二、一”迈进的升级态势。其中，第三产业增加值比重有较大幅度的提升，占 GDP 比重超过 50%。这意味着近年来韶关第三产业有了较快的发展，对地区生产总值的贡献在明显增加。

2. 产业就业结构现状及其特征研判

韶关市第四次经济普查数据显示，2018 年韶关市共有社会从业人员 145.04 万人。其中，第一产业从业人员为 58.82 万人，占当年社会从业人员比重的 40.6%；第二产业从业人员为 31.46 万人，占当年社会从业人员比重的 21.7%；第三产业从业人员为 54.77 万人，占当年社会从业人员比重的 37.8%。与韶关市第三次（2013 年）经济普查数据相比，社会从业人员增加了 1.26 万人。其中，第一、二产业从业人员总数下降，分别减少了 0.42 万人、0.88 万人；第三产业吸引了大量的新增劳动力就业，其从业人员总数增加了 2.57 万人。三大产业就业结构由第二次（2008 年）经济普查的 45.8：20.3：33.9，调整为第三次（2013 年）经济普查的 41.2：22.5：36.3，再进一步调整到第四次（2018 年）经济普查的 40.5：21.7：37.8，产业就业结构虽有变化，但基本上维持在“一、三、二”的结构水平上，第一产业从业人员数占比过高。

结论 1-1：基于韶关三大产业增加值结构和就业结构的经济普查数据对比分析，课题组发现，韶关市三大产业增加值结构呈现出由“二、三、一”向“三、二、一”迈进升级的良好态势，但三大产业就业结构依然停留在“一、三、二”的较低结构水平上，农村剩余劳动力向第二、第三产业转移不够充分。

（二）行业结构及其特征研判

1. 九大类行业结构现状及其特征研判

韶关市第四次经济普查国民经济核算数据显示，2018 年，韶关九大类行业增加值中，农林牧渔业为 157.68 亿元、工业为 349.51 亿元、建筑业为 73.43 亿元、批发和零售业为 116.06 亿元、交通运输仓储邮政业为 43.06 亿元、住宿和餐饮业为 19.92 亿元、金融业为 56.69 亿元、房地产业为 85.53 亿元、其他服务业为 315.6 亿元。与第三次（2013 年）经济普查数据相比，除交通运输仓储邮政业、住宿和餐饮业外，其余七大行业增加值均有较大增幅提升。其中，农林牧渔业增加了 23.81 亿元、工业增加了 3.74 亿元、建筑业增加了 1.18 亿元、批发和零售业增加了 22.68 亿元、金融业增加了 17.74 亿元、房地产业增加了 29.02 亿元、其他服务业增加了 132.81 亿元。从各行业增加值在当年 GDP 中的占比情况来看，2018 年，工业增加值占 GDP 比重最大，占 28.7%，排名第一。依次排序，分别为其他服务业（25.9%）、农林牧渔业（13.0%）、批发和零售业（9.5%）、房地产业（7.0%）、建筑业（6.0%）、金融业（4.7%）、交通运输仓储邮政业（3.5%）。住宿和餐饮业增加值占 GDP 比重最小，为 1.6%，排位最后。与第三次（2013 年）经济普查数据相比，批发和零售业、金融业、房地产业和其他服务业等 4 类行业增加值在 GDP 中的占比，分别提高了 0.3、0.8、1.5 和 7.9 个百分点；农林牧渔业、工业、交通运输仓储邮政业、建筑业、住宿和餐饮业等 5 类行业增加值在 GDP 中的占比，分别下降了 0.2、5.4、2.7、1.1 和 1.1 个百分点。

2. 规模以上工业行业结构现状及其特征研判

由韶关市第四次经济普查数据可知，2018 年，全市共有规模以上工业企业 439 家，从业人员 12.35 万人，拥有规模以上资产 1430.58 亿元、规模以上工业企业总产值 1128.83 亿元。在工业总产值中的比重，排位前 10 位的工业行业有：黑色金属冶炼和压延加工业，电力、热力生产和供应业，有色金属冶炼和压延加工业，化学原料和化学制品制造业，非金属矿物制品业，烟草制品业，计算机通信和其他电子设备制造业，金属制品业，电气机械和器材制造业，非金属矿采选业。与第三次（2013 年）经济普查数据相比，排名前 10 位的规模以上工业行业增加值在当年总产值中的占比由 75.6%提高到 81.3%。其中，有色金属冶炼和压延加工业增加值提高了 2.7 个百分点，黑色金属冶炼和压延加工业增加值提高了 2.2 个百分点，计算机通信和其他电子设备制造业增加值提高了 2.0 个百分点，金属制品业增加值提高了 1.1 个百分点，非金属矿物制品业增加值提高了 0.9 个百分点，非金属矿采选业增加值提高了 0.7 个百分点，电力、热力生产和供应业增加值提高了 0.6 个百分点，烟草制品业增加值提高了 0.6 个百分点，电气机械和器材制造业增加值提高了 0.3 个百分点。在其余的 31 个行业中，增加值占比结构呈上升趋势的有通用设备制造业（比重提高了 0.7 个百分点），造纸和纸制品业（比重提高了 0.6 个百分点），电力、热力生产和供应业（比重提高了 0.6 个百分点），仪器仪表制造业（比重提高了 0.6 个百分点），电气机械和器材制造业（比重提高了 0.3 个百分点），开采专业及辅助性活动（比重提高了 0.2 个百分点），燃气生产和供应业（比重提高了 0.2 个百分点），水的生产和供应业（比重提高了 0.1 个百分点），食品制造业（比重提高了 0.1 个百分点），其他制造业（比重提高了 0.1 个百分点）等 10 个工业行业。从规模以上优势传统工业、高技术产业和先进制造业上看，2018 年，三类工业行业增加值分别为 92.37 亿元、19.78 亿元和 117.12 亿元。高技术产业在规上工业行业增加值中的比重相对偏低，占 8.6%。与第三次（2013 年）经济普查数据相比，优势传统工业、高技术产业和先进制造业增加值的增长速度分别为 0.5%、57.9%和 19.2%。高技术产业和先进制造业增速十分明显。

3. 服务业行业结构现状及其特征研判

从第四次经济普查国民经济核算数据上看，2018 年，韶关有规模以上服务业行业单位/项目数 214 个。其中，租赁和商务服务业 65 个，占规模以上服务业行业总数的 30.4%；交通运输、仓储和邮政业 63 个，占 29.4%；房地产业 21 个，占 9.8%；居民服务、修理和其他服务业 20 个，占 9.4%。这四类行业占规模以上服务业总数的 79.0%。2018 年，规模以上服务业主营业务收入 91.60 亿元。其中，租赁和商务服务业 36.36 亿元，占规模以上服务业行业主营业务收入的 39.7%；信息传输、软件和信息技术服务业 21.39 亿元，占 23.4%；交通运输、仓储和邮政业 19.34 亿元，占 21.1%；科学研究和技术服务业 5.49 亿元，占 6.0%。这四类行业占规模以上服务业总数的 90.2%。与第三次（2013 年）经济普查数据相比，规模以上服务业行业单位数增加了 112 家，主营业收入增加了 2.3 倍。尤其是居民服务、修理和其他服务业（15.8 倍），租赁和商务服务业（14.7 倍），文化、体育和娱乐业（6.1 倍），卫生和社会工作（5.7 倍），科学研究和技术服务业（4.6 倍）以及房地产业（4.2 倍）等 6 类行业增速明显。从第三、四次经济普查各行业在主营业务收入中的比重变化上看，租赁和商务服务业，科学研究和技术服务业，居民服务、修理和其他服务业，房地产业等 4 类服务业在规上服务业的占比分别提高了 33.5、3.1、2.7 和 1.2 个百分点。

结论 1-2：与第三次经济普查数据相比，韶关通用设备、仪器仪表、电气机械和器材、计算机通信和其他电子设备等高技术产业和先进制造业发展迅速，服务业在韶关产业结构中的比重呈稳步上升趋势，规模以上服务业快速增加。但在九大类行业结构中，工业比重偏大。韶关规模以上工业行业结构依然以传统工业类型为主，轻纺类、资源类工业占比高，高技术产业比重偏低，规模以上服务业的发展高度集中在租赁和商务服务业，科学研究和技术服务业，居民服务、修理和其他服务业，房地产业等少数行业上，产业结构需要进一步调整。

（三）产品结构及其特征研判：以规模以上工业产品为例

在第三、四次经济普查规模以上工业主要产品数据及其对比中，课题组注意到：韶关黑色金属工业产品仍然是以钢材、粗钢、生铁为主，尤其是钢材，其产量由 2013 年的 662.21 万吨增长到 2018 年的 680.9 万吨，增速为 2.8%；粗钢和生铁产品，虽然在 2013 年的基础上有所回落，但 2018 年产量仍维持在 676.5 万吨和 577.0 万吨的较高位水平；2018 年，焦炭产量仅为 260.2 万吨，但与第三次（2013 年）经济普查数据相比，也实现了 46.2%的增速。在有色金属工业产品结构中，锌、铝材等产品产量最大。2018 年，锌和铝材的产品产量分别达到了 21.44 万吨和 14.74 万吨，远远超过铜、铅、钨、钼、白银等产品产量。铝材产量为 2013 年的 10.2 倍，铜的产量在 2013 年的基础上实现了 83.3%的增速。在电力、煤气工业产品中，火电依旧是韶关电力的主要来源，2018 年火电发电量 149.6 亿千瓦时，在 2013 年的基础上实现了 64.3%的增速；火电占总发电量的比重由 2013 年的 75.0%增加到 2018 年的 86.0%。在木材采运和加工产品结构中，以刨花板、胶合板和纤维板等人造板为主。其中，刨花板产量最多、增幅最大，2018 年该产品产量达 92.4 万立方米，占人造板总产量的 70.4%，增速为 29.8%。在化学工业产品结构中，以硫铁矿石（折含硫 35%）、硫酸（折 100%）、烧碱（折 100%）为主，在 2013 年的基础上，该三类化工产品分别实现了 47.6%、18.5%和 10.6%的增速。此外，化学试剂产品产量也由 2013 年的 13.5 吨，迅速增长到 2018 年的 5.96 万吨，增加了 4410 倍。基于建筑业的快速发展，窑外分解窑熟料（预分解窑熟料）、强度等级 42.5 水泥（含 R 型），瓷质砖，商品混凝土等主要建筑材料产品实现了较快速的增长，增速分别达到 149.4%、134.1%、185.3% 和 61.0%。电动车辆（电动叉车）在交通工业产品中异军突起，2018 年完成了 10021 辆的生产规模。滚动轴承（轴承）、减速机、矿山专用设备、齿轮、铸铁件、表、锻件等机械工业产品，在 2013 年的基础上，分别实现了 128.2%、92.2%、88.5%、75.3%、73.6%、31.6%和 16.1%的增速。色织布、棉布等纺织工业产品产量，在 2013 年的基础上，分别增加了 4611.16 万米和 4220.96 万米。纸制品、初级形态的塑料、机制纸及纸板、配合饲料、自来水（生产量）等轻工产品产量也有较快增长，与 2013 年相比，2018 年产量分别实现了 124.6%、91.0%、58.7%、44.3%和 6.4%的增速。

结论 1-3：基于规模以上工业产品的第三、四次经济普查数据对比，课题组注意到，钢材、粗钢、生铁、锌、铝材、火电、初级形态的塑料等传统产品在韶关产品结构中的比重依然很大；滚动轴承（轴承）、减速机、矿山专用设备、齿轮、铸锻件等传统优势产品稳定增长；风力发电、电动车辆等新产品、技术含量高的产品在此期间也有发展，但在同类工业行业产品结构中占比相对较小。

（四）价值链结构及其特征研判：以汽车制造及汽车零部件产业为例

韶关汽车制造和零部件产业主要是以韶关本地的铁、铝、锌等矿产为原料，经历采选、冶炼、延压环节之后，进入机械工业品的生产，通过销售进入市场。作为机械工业的一部分，韶关汽车制造和零部件产业自 20 世纪 50 年代末开始组建，历经 50 年风雨，已形成良好的发展势头。2018 年，韶关拥有汽车制造企业 6 家，拥有规模以上资产 3.81 亿元、规模以上企业总产值 4.97 亿元，实现利润 2881 万元；拥有规模以上机械装备制造企业 100 余家，其中，金属制品生产企业有 24 家，通用设备生产企业有 21 家，专用设备生产企业有 18 家，电气机械及器材生产企业 22 家，计算机通信和其他电子设备制造企业 21 家，仪器仪表生产企业 1 家，实现工业增加值 146.92 亿元，在 2013 年的基础上实现了 27.1%的增速。主要汽车产品有电动叉车，汽车零部件产品有车用齿轮、变速器总成、液压油缸、车用轴承和轴瓦、汽车轮毂、汽车铸锻件等。从产品结构和价值链治理角度看，韶关汽车产品大多数可归属为机械基础件和标准化通用汽车零配件两大类型，其中汽车用铸件、锻件、铝锭、车用钢板、钢圈等属机械基础件，轴瓦、轴承、衬套、止推片、活塞环、汽车弹簧、齿轮、气门零配件等为标准件和通用件，两者均属原材料密集型和劳动密集型产品，产品能耗高，原材料耗费大、附加值较低。在缺少品牌整车制造商关键价值链环节（如生产、研发环节）进驻的情况下，大多数汽车零部件企业以“分散、弱小、单打独斗”形式从事机械基础件或标准化通用零部件制造，企业之间尚未建立起基于产品价值链的专业化分工和协作关系，生产链相互独立，分工协作不明显。企业作为全球价值链治理结构中的原料供应商和标准通用件供应商，位于产业链的最上游端和价值链的最低环节。

结论 1-4：基于汽车制造及汽车零部件产业的第三、四次经济普查数据对比分析，课题组发现，韶关汽车制造及汽车零部件产业有了快速发展，但从汽车价值链上看，韶关汽车零部件制造仍以生产标准件和通用件为主，位于产业链的上游端和价值链相对较低的环节。电动叉车等汽车制造产业链条短、产业不集群、价值链分工和协作关系不明显。

二、韶关产业结构效应评价与原因探究

（一）产业结构效应分析与评价

1. 产业结构的就业效应分析与评价

利用中山大学阎小培教授的产业结构偏离度和比较劳动力生产率概念，分别对韶关市第二、三、四次经济普查产业结构数据进行定量测度。计算公式如下：

$$p = L - C$$

$$P = \sum |L - C|$$

$$\text{比较劳动生产率} = \frac{\text{产业增加值的}GDP\text{占比}}{\text{从业人员数的相对比重}}$$

式中，p 为产业结构偏离度；P 为产业结构总偏离度，为各产业结构偏离度绝对值之和；L 为某次产业劳动力比重，C 为同次产业增加值比重。

一般来说，产业结构偏离度大于零（正偏离），表明该产业的从业人员比重大于增加值比重，意味着该产业劳动生产率较低，需要对劳动力做出转出的调整；相反，如果产业结构偏离度小于零（负偏离），则说明

该产业的从业人员小于增加值比重，意味着该产业劳动生产率较高，存在着劳动力转入的可能性。产业结构偏离度越大，表明产业增加值结构与就业结构的差距越大，就业结构与产业结构越不对称、不适应，就业的产业结构效益越低下；产业结构偏离度越小，就业的产业结构效益越高，表明就业结构调整与产业结构调整较适应、产业发展较均衡。此外，钱纳里和塞尔奎因认为不同的经济发展阶段有不同的经济结构，并针对发达国家，提出了产业结构偏离度参考模型（见表1）。

表1　钱纳里和塞尔奎因结构偏离度模型

	人均 GDP（美元）	300 人以下	300~500 人	500~1000 人	1000~2000 人	2000~4000 人	4000 人以上
偏离度（%）	第一产业	34.7	38.9	34.7	25	16.3	5.6
	第二产业	-6.5	-10.6	-9.9	-6.3	-3.4	1.2
	第三产业	-28.2	-28.5	-24.8	-18.7	-12.9	-6.8
总偏离度（%）		69.4	78.0	69.4	50.0	32.6	13.6

注：人均 GDP 按 1980 年美元计。

利用上述公式对韶关市的产业结构偏离度和比较劳动力生产率进行计算，结果见表2。

表2　韶关市产业结构偏离度和比较劳动力生产率　　单位：%

年份	产业结构偏离度 *p* 值			总偏离度 *P* 值	比较劳动生产率		
	第一产业	第二产业	第三产业		第一产业	第二产业	第三产业
2008	32	-25.1	-7.0	64.0	30.1	223.0	120.6
2013	28.2	-18.6	-9.5	56.3	31.7	182.8	126.2
2018	27.7	-13.0	-14.7	55.4	31.7	159.9	139.0

由表2可知，2018年，韶关第一、二、三产业结构偏离度和总偏离度分别为27.7%、-13.0%、-14.7%和55.4%，对应2018年韶关市人均GDP为40740元（人民币），按1980年美元对人民币汇率，可折合人均GDP为27342美元。对照表1钱纳里和赛尔奎因结构偏离模型，韶关市三大产业的结构偏离度和总偏离度值均高于钱纳里和塞尔奎因模型相关指标值，这说明韶关市产业结构偏离度偏大，就业结构与产业结构不对称，产业结构效益低下，与韶关市经济发展水平不相适应。就业结构和产业结构转换滞后于经济发展，主要表现为第一产业滞留过多的劳动力，而

第二、第三产业吸纳劳动力不足。但从第二、第三、第四次经济普查时的总偏离度值比较结果来看，韶关产业结构的总偏离度总体上处于下降趋势，就业结构与产业结构不对称、不适应趋势有所缓解。

从比较劳动力生产率计算结果来看，2018 年，韶关第二产业比较劳动生产率值最高，效益最好，第三产业次之，第一产业最差。这种结构特点在第二、第三次经济普查时同样表现得十分明显。但从三次经济普查计算值的变化来看，韶关第二产业的比较劳动生产率在逐步下降，表明 GDP 比重下降快于就业比重下降，产业增加值结构转换快于就业结构调整，这与第二产业大量吸收农村剩余劳动力、工业技术、设备更新速度慢，生产力水平仍然较低有关。第三产业的比较劳动生产率呈现出明显提高的趋势，由 2008 年的 120.6%提高到 2013 年的 126.2%，再提高 2018 年的 139.0%。这与近十年来韶关第三产业，尤其是旅游业的快速发展有关。

结论 2-1-1：从就业—产业增加值结构比较上看，韶关市产业结构偏离度偏大，就业结构与产业结构不对称，就业结构向产业结构转换滞后，产业结构效益相对低下，与韶关市经济发展水平不相适应。但从第二、三、四次经济普查数据对比上看，韶关产业结构偏离度总体上处于下降趋势，就业结构与产业结构不对称、不适应冲突有所缓解。从比较劳动力生产率上看，第二产业比较劳动生产率值最高、效益最好，第三产业劳动力生产率也呈现出明显提高的趋势。

2. 产业结构的环境效应分析与评价

从规模以上工业行业能耗上看，2018 年，韶关规模以上工业企业总产值 1128.83 亿元，综合能源消费 863.57 万吨标准煤，产值综合能源单耗 0.88 吨标准煤/万元，高于 2013 年 0.70 的产值单耗水平。从规模以上制造业行业综合能源消费上看，2018 年，单产能耗为 0.68，也略高于 2013 年 0.63 的产值单耗水平。与第三次（2013 年）经济普查相比，农副食品加工业，烟草制品业，皮革、毛皮、羽毛及其制品和制鞋业，造纸和纸制品业，医药制造业，黑色金属冶炼和压延加工业，有色金属冶炼和压延加工业，金属制品业，通用设备制造业，专用设备制造业，汽车制造业，仪器仪表制造业等 12 类制造业行业单产能耗明显下降，节能效果明显。

工业废水排放量，2018 年为 7312.66 万吨，占废水排放总量的 36.6%；与 2013 年统计数据相比，排放总量减少了 897.79 万吨，比重下降了 15.0 个百分点。工业废气排放总量，2018 年为 2477.93 亿标立方米，在 2013

年基础上增加了 1272.33 亿标立方米。工业烟（粉）尘排放量，2018 年为 19169.19 吨，是 2013 年的 4.29 倍。工业二氧化硫和工业氮氧化物排放量呈现大幅度下降趋势，2018 年排放量分别仅占 2013 年排放量的 22.4%和 48.1%。一般工业固体废物产生量和一般固体废物综合利用量，2018 年为 946.07 万吨和 601.33 万吨，在 2013 年基础上分别增加了 167.88 万吨和 26.60 万吨。一般工业固体废物处置量和一般工业固体废物处置利用率，与 2013 年数据相比，2018 年分别下降了 67.44 万吨和 19.4 个百分点。

利用 2004—2018 年韶关统计年鉴数据，将韶关第二产业增加值、工业增加值、第三产业增加值 3 个指标分别与工业固体废物产生量、工业烟尘排放总量、工业废气排放总量、工业废水排放、废水排放总量、工业增加值能耗等 6 个指标进行自然对数转换后，进行 SPSS 双变量皮尔逊（Pearson）相关分析，结果见表 3。

表 3　韶关产业增加值与能耗、“三废”排放相关分析表

变量		第二产业增加值	工业增加值	第三产业增加值
工业固体废物产生量	Pearson 相关性	0.582*	0.618*	0.500
	显著性（双侧）	0.023	0.014	0.058
	N	15	15	15
工业烟尘排放总量	Pearson 相关性	0.191	0.183	0.269
	显著性（双侧）	0.496	0.514	0.333
	N	15	15	15
工业废气排放总量	Pearson 相关性	0.775**	0.794**	0.819**
	显著性（双侧）	0.001	0	0
	N	15	15	15
工业废水排放	Pearson 相关性	−0.662**	−0.663**	−0.728**
	显著性（双侧）	0.007	0.007	0.002
	N	15	15	15
废水排放总量	Pearson 相关性	−0.433	−0.449	−0.353
	显著性（双侧）	0.107	0.093	0.197
	N	15	15	15
工业增加值能耗	Pearson 相关性	−0.904**	−0.875**	−0.902**
	显著性（双侧）	0	0	0
	N	15	15	15

注：*.在 0.05 水平（双侧）上显著相关；**.在 0.01 水平（双侧）上显著相关。

由表 3 可知，第二产业增加值与工业固体废物产生量、工业废气排放总量之间的相关系数分别为 0.582 和 0.775，在 0.01 或 0.05 水平（双侧）上呈现出正相关关系；与工业废水排放、工业增加值能耗相关系数分别为-0.662 和-0.904，在 0.01 水平（双侧）上呈现出负相关关系。这说明，第二产业增加值的结构变化，对工业能耗、工业“三废”排放产生了较明显的影响：在增加工业固体废物产生量和工业废气排放量的同时，进一步减少了工业废水排放和工业增加值能耗。这种结构效应，在工业增加值与各项指标的相关性分析上，可以进一步得到证实：工业增加值与工业固体废物产生量、工业废气排放总量相关系数分别为 0.618 和 0.794，在 0.01 或 0.05 水平（双侧）上呈现出正相关关系；与工业废水排放、工业增加值能耗相关系数分别为-0.663 和-0.875，在 0.01 水平（双侧）上呈现出负相关关系。同时，第三产业增加值与工业废气排放总量相关系数为 0.819，在 0.01 水平（双侧）上呈现出显著正相关关系；与工业废水排放、工业增加值能耗相关系数分别为-0.728 和-0.902，在 0.01 水平（双侧）上呈现出显著负相关关系，由此可知，第三产业的结构变化，对工业废气排放、工业废水排放和工业能耗也产生了较明显的影响：在增加工业废气排放总量的同时，进一步减少了工业废水排放和工业增加值能耗。

结论 2-1-2：与 2013 年统计数据相比，虽然韶关规模以上工业（含制造业）综合能源消费和单产能耗总量偏高，韶关产业结构变化的节能效益不容乐观，但韶关农副食品加工业、烟草制品业、黑色金属冶炼和压延加工业、有色金属冶炼和压延加工业、金属制品业等传统优势产业，通用设备制造业、专用设备制造业、汽车制造业、仪器仪表制造业等先进制造业节能效果明显。在“三废”排放上，韶关工业废水排放量、一般工业固体废物处置量明显下降，一般工业固体废物处置利用率有所提高，但在工业废气排放总量上有明显增加趋势。从相关分析上看，韶关工业废水减排、工业增加值节能以及环境效应的行业改善，与韶关第二产业增加值、工业增加值和第三产业增加值的结构变化密切相关。

3. 产业结构的空间集聚效应分析与评价

在产业经济领域，制造业空间集聚，一般可以采用空间基尼系数和区位商来测度。基尼系数是反映某一指标样本中分布平等程度的重要指标，既是衡量产业空间集中程度的传统指标，也是测度某一产业集聚水平的良好指标。其中，空间基尼系数（G）的计算公式为：

$$G = \sum_i (S_i - X_i)^2$$

式中，S_i 是 i 地区某制造业行业的增加值占全省该行业总增加值的比重；X_i 为该地区制造业增加值占全省制造业总增加值的比重。基尼系数越大，表明产业在地理上越集中。

区位商用以反映某一产业部门的专业化程度，以及某一区域在高层次区域的地位和作用等，体现整个制造业的专业化分工水平和集聚程度。其计算公式为：

$$Q_{ij} = \frac{e_{ij} / e_i}{E_{nj} / E_n}$$

式中：Q_{ij} 为区位商，e_{ij} 为第 i 个地区制造业 j 行业产业增加值，e_i 为第 i 个地区制造业总增加值；E_{nj} 为全省制造业 j 行业的产业总增加值，E_n 为全省制造业总增加值。当 $Q_{ij}>1$ 时，可以认为该产业在地区生产中存在着区位比较优势；当 $Q_{ij} \leqslant 1$ 时，则认为该产业是自给性部门，无比较优势。当区位商增加时，比较优势增加，区位地位随之提升；当区位商由大变小时，比较优势减弱，区位地位随之降低。

利用空间基尼系数公式，分别对韶关 2013 年和 2018 年度规模以上制造业行业增加值进行计算，结果显示：2013 年韶关规模以上制造业行业空间基尼系数为 0.0301，2018 年该值增加至 0.0327，这说明韶关规模以上制造业总体上呈现出空间集聚趋势。区位商计算结果（见表 4）显示：2018 年，韶关 31 个规模以上制造业行业中，区位商大于 1 的行业有烟草制造业（18.6），纺织业（1.1），木材加工和木、竹、藤、棕、草制品业（4.9），化学原料和化学制品制造业（1.8），非金属矿物制品业（1.6），黑色金属冶炼和压延加工业（13.8），有色金属冶炼和压延加工业（3.6），仪器仪表制造业（1.2），废弃资源综合利用业（1.7），这说明韶关这 9 类行业在广东省规模以上制造业行业中具有比较优势。与第三次（2013 年）经济普查相比，烟草制造业，纺织业，木材加工和木、竹、藤、棕、草制品业，非金属矿物制品业，黑色金属冶炼和压延加工业，有色金属冶炼和压延加工业，仪器仪表制造业等 6 类行业区位商值呈现出不同程度的增加。这说明，上述 6 类制造业行业有进一步向韶关集中的趋势。

表 4　韶关规模以上制造业行业区位商

	2013 年	2018 年	变化值
农副食品加工业	0.6	0.8	0.2
食品制造业	0.2	0.3	0.1
酒、饮料和精制茶制造业	0.8	0.5	-0.3
烟草制品业	13.6	18.6	5
纺织业	0.8	1.1	0.2
纺织服装、服饰业	0.1	0.1	0
皮革、毛皮、羽毛及其制品和制鞋业	0.3	0.1	-0.2
木材加工和木、竹、藤、棕、草制品业	4.8	4.9	0.1
家具制造业	0.3	0.0	-0.3
造纸和纸制品业	0.2	0.6	0.3
印刷和记录媒介复制业	0.3	0.3	0
文教、工美、体育和娱乐用品制造业	1.4	0.9	-0.5
石油、煤炭及其他燃料加工业	0.0	0.0	0
化学原料和化学制品制造业	1.9	1.8	-0.2
医药制造业	0.7	0.6	-0.1
化学纤维制造业	0.0	0.0	0
橡胶和塑料制品业	0.3	0.2	-0.1
非金属矿物制品业	1.4	1.6	0.3
黑色金属冶炼和压延加工业	9.8	13.8	4
有色金属冶炼和压延加工业	2.3	3.6	1.4
金属制品业	0.7	0.9	0.3
通用设备制造业	0.5	0.7	0.2
专用设备制造业	1.0	0.6	-0.5
汽车制造业	0.2	0.1	-0.1
铁路、船舶、航空航天和其他运输设备制造业	0.0	0.0	0
电气机械和器材制造业	0.3	0.3	0
计算机通信和其他电子设备制造业	0.1	0.2	0
仪器仪表制造业	0.6	1.2	0.6
其他制造业	0.1	0.3	0.2
废弃资源综合利用业	1.9	1.7	-0.2
金属制品、机械和设备修理业	0.6	0.3	-0.3

从产业园区上看，2018 年，全市莞韶、南雄、乳源、翁源、始兴、乐昌、仁化、新丰等 8 个产业转移园区共有规模以上工业企业 316 家，实现工业增加值 112.52 亿元，产业转移园工业增加值占全市比重 36.3%。与 2013 年相比，园区各项量化指标均有明显增加。其中，规模以上工业企业数增加了 130 家，工业增加值增加了 43.71 亿元，产业园区工业增加值占全市比重由 2013 年的 19.1%提高到 2018 年的 36.3%，园区集聚特性更加凸显。以莞韶产业转移园为例，该园区 2008 年底在原韶关工业园区的基础上，整合中山三角（浈江）产业转移工业园、武江工业园和曲江经济开发区而成。2011 年，该园区入选广东省十大重点产业园区。2013 年拥有规模以上工业企业 99 家，实现规模以上工业增加值 38.29 亿元。2018 年，莞韶产业转移园进一步集聚发展，实现规模以上工业增加值 54.21 亿元，占全市规模以上工业增加值的 48.18%。形成了以机械装备、新材料、生物制药等新兴产业为重点的产业集聚园区，拥有宏大齿轮、中机重工、韶液、伟光、韶瑞、建溢、欧莱、东南轴承、丹霞制药、汉鸿木业等优势企业。

结论 2-1-3：与第三次（2013 年）经济普查时相比，韶关规模以上制造业呈现出空间集聚态势，尤其是烟草制造业，纺织业，木材加工和木、竹、藤、棕、草制品业，非金属矿物制品业，黑色金属冶炼和压延加工业，有色金属冶炼和压延加工业、仪器仪表制造业等传统产业在广东省内具有明显比较优势，烟草制造业、黑色金属冶炼和压延加工业、有色金属冶炼和压延加工业、仪器仪表制造业、非金属矿物制品业、纺织业等制造业进一步集聚韶关。产业转移园区成为产业集聚发展的重要空间载体。产业转移园区呈现出明显升级趋势，在韶关市，以莞韶产业转移园为代表，形成了以机械装备、新材料、生物制药等为重点的产业集聚发展态势。

4. 产业结构的三产融合效应分析与评价

产业融合，是劳动分工细化的结果，更是区域产业体系化和产业健康发展的重要体现。产业融合，既可以表现为农业与工业、工业与服务业的融合，也可以表现为区域内部和区域之间产业组织上的融合。其中，农业与工业的融合，可以从农产品深加工方面去测度，尤其是以农业资源为直接原料的制造业行业上，主要体现为农副食品加工业，食品制造业，酒、饮料和精制茶制造业，烟草制品业，纺织业，纺织服装，服饰业，皮革、毛皮、羽毛及其制品和制鞋业，木材加工和木、竹、藤、棕、草制品业，家具制造业，造纸和纸制品业，橡胶和塑料制品业，医药制造业（中成药生产）等 12 类制造业行业，习惯称为“农业资源加工型”制造业行业。由表 5 可知，与 2013 年相比，2018 年该 12 类制造业行业中，农副食品加工、食品制造、烟草制品、造纸和纸制品等 4 类行业企业总产值有较明显的增速，说明这 4 类制造业行业工农融合程度在增强。

表 5　与农业直接关联的韶关规模以上制造业企业总产值（万元）

	2013 年	2018 年	增长速度（%）
农副食品加工业	180 219	184 288	2.3
食品制造业	40 798	45 184	10.8
酒、饮料和精制茶制造业	80 161	40 424	-49.6
烟草制品业	607 580	655 842	7.9
纺织业	212 183	184 902	-12.9
纺织服装、服饰业	42 637	18 061	-57.6
皮革、毛皮、羽毛及其制品和制鞋业	58 568	15 997	-72.7
木材加工和木、竹、藤、棕、草制品业	324 022	207 479	-36.0
造纸和纸制品业	43 000	113 862	164.8
印刷和记录媒介复制业	32 345	32 207	-0.4
医药制造业（中成药生产）	–	–	–
橡胶和塑料制品业	148 276	103 867	-30.0

由表 6 可知，与第三次（2013 年）经济普查数据相比，在纺织服装、食品饮料、家具制造和医药制造四类制造业行业工业增加值中，纺织业（6.0%），酒、饮料和精制茶（2.8%），烟草制品（20.7%），中成药生产（30.4%）等制造业均出现不同程度的增速，说明这几类产业在一、二产业之间的融合效果上较为明显。

表 6　与农业直接关联的韶关规模以上制造业工业增加值（万元）

	2013 年	2018 年	增长速度（%）
合计	919 548	923 718	0.5
1. 纺织服装	62 118	63 631	2.4
纺织业	49 476	52 441	6.0
纺织服装、服饰业	12 642	11 190	-11.5

续表

	2013 年	2018 年	增长速度（%）
2. 食品饮料	488 765	570 260	16.7
农副食品加工业	18 097	11 876	−34.4
食品制造业	11 861	8 251	−30.4
酒、饮料和精制茶制造业	21 250	21 839	2.8
烟草制品业	437 557	528 294	20.7
3. 家具制造业	9 823	0	−100.0
4. 医药制造业	–	–	
中成药生产	27 523	35 882	30.4

在第一、第二、第三产业融合上，可以通过生产性服务业的发展状况来衡量，尤其是体现在物流业、交通运输业、批发和零售业、金融服务业、互联网和信息化平台等方面。2018 年，韶关市货运周转量 495.18 亿吨公里，在 2013 年的基础上实现了 56.2%的增速。批发和零售业增加值 116.06 亿元，在 2013 年的基础上实现 24.28%的增速；批发和零售业增加值在 GDP 中的比重提高了 0.3 个百分点。金融服务业增加值 56.69 亿元，在 2013 年的基础上实现 45.5%的增速；金融服务业增加值在 GDP 中的比重提高了 0.8 个百分点。拥有互联网用户 218.23 万户，移动电话 285.33 万部，与 2013 年相比分别增加了 71.2 万户和 12.39 万部。“四上”企业信息化管理情况方面，使用信息化管理的企业占比为 93.6%，比 2013 年提高了 3.4 个百分点。从交通运输、仓储和邮政业、信息传输、软件和信息技术服务业和租赁和商务服务业 3 类规模以上服务业企业数和主营业务收入上看，2018 年，三类生产性服务业拥有规模以上企业数 135 家，在第三次（2013 年）经济普查数据基础上增加了 72 家，主营业务收入 77.09 亿元，增速为 107.2%（见表 7）。

借鉴国内学者沈正平（2007）和张祥（2013）等人的研究方法，通过下述模型来测度韶关市与广东省各地区间的产业联系度。计算公式为：

$$L_{ij}=\lambda\times\frac{\prod_{m=1}^{2}\exp\left(abs\left(x_m-y_m\right)\right)}{\sqrt{d_{ij}}}\times 100\%$$

式中，L_{ij} 为 i ，j 两个地区间的产业联系程度；x_1 ，y_1 分别为 i ，j 两个

地区某产业增加值在广东省该产业增加值中比重；x_2，y_2分别为i，j两个地区某产业从业人员在广东省该产业从业人员的比重；d_{ij}为i，j两个地区之间的距离，取地区i各地级市与地区j各地级市之间自驾车公里数的平均值；λ为权重系数，其值为i，j两个地区中相对欠发达的地区某产业增加值占广东省该产业增加值的比重，并将产业联系程度划分为强联系（$L\geqslant1.0\%$）、中等联系（$0.8\%\leqslant L<1.0\%$）和弱联系（$L<0.8\%$）三个等级。基于第二、三和四次经济普查数据，运用产业联系程度公式，计算韶关与珠三角地区各市之间第二、三大产业联系程度值，结果见表8、表9。

表7　规模以上生产性服务业企业数和主营业务收入对比表

规模以上服务业	主营业务收入（万元）		增长速度（%）
	2013年	2018年	
交通运输、仓储和邮政业	149 481	193 419	29.4
道路运输业	98 981	123 802	25.1
水上运输业	1 972	8 960	354.4
装卸搬运和仓储业	7 804	16 535	111.9
邮政业	23 451	41 333	76.3
信息传输、软件和信息技术服务业	197 774	213 923	8.2
租赁和商务服务业	24 791	363 586	1 366.6
总计	372 046	770 928	107.2

表8　韶关与珠三角各市第二产业联系程度（%）

	2008年	2013年	2018年	变化值（2008—2018年）
韶关—广州	0.12	0.10	0.09	-0.03
韶关—深圳	7.99	8.11	8.38	0.39
韶关—珠海	5.40	5.42	5.47	0.07
韶关—佛山	7.69	7.69	7.65	-0.04
韶关—惠州	5.80	5.90	5.94	0.14
韶关—东莞	7.40	7.71	7.74	0.34
韶关—中山	6.16	6.15	6.11	-0.05
韶关—江门	5.68	5.64	5.63	-0.05
韶关—肇庆	5.70	5.75	5.72	0.02
平均值	5.77	5.83	5.86	0.09

表 9　韶关与珠三角各市第三产业联系程度（%）

	2008 年	2013 年	2018 年	变化值（2008—2018 年）
韶关—广州	0.13	0.15	0.14	0.01
韶关—深圳	8.21	8.64	8.92	0.71
韶关—珠海	5.36	5.35	5.35	-0.01
韶关—佛山	7.00	6.94	6.91	-0.09
韶关—惠州	5.59	5.64	5.64	0.05
韶关—东莞	6.96	6.74	6.78	-0.18
韶关—中山	5.80	5.81	5.82	0.02
韶关—江门	5.49	5.47	5.49	0.00
韶关—肇庆	5.69	5.65	5.67	-0.02
平均值	5.58	5.60	5.64	0.05

由表 8 可知，2008 年、2013 年和 2018 年三个年份，韶关与珠三角各市第二产业联系程度平均值分别 5.77%、5.83%和 5.86%，均大于 1.0%，说明在第二产业空间联系上，韶关与珠三角地区保持着一种“强联系”关系。由均值变化（5.77%→5.83%→5.86%）可知，韶关与珠三角地区在第二产业联系程度上呈现出持续增强的态势。从年度变化值上看，韶关—深圳、韶关—东莞、韶关—惠州、韶关—珠海、韶关—肇庆在第二产业上的联系上更趋密切。

由表 9 可知，2008 年、2013 年和 2018 年三个年份，韶关与珠三角各市第三产业联系程度平均值分别 5.58%、5.60%和 5.64%，均大于 1.0%，说明在第三产业空间联系上，韶关与珠三角地区保持着强联系状态。由均值变化（5.58%→5.60%→5.64%）可知，韶关与珠三角地区在第三产业联系程度上也呈现出持续增强的态势。从年度变化值上看，韶关—深圳、韶关—惠州、韶关—中山、韶关—江门在第三产业上的联系上更趋密切。

分别对 2018 年产业联系程度数据进行 SPSS 系统聚类分析，结果进一步证实了韶关与珠三角各市之间在第二、三产业联系上的空间分异现象：韶关—深圳、韶关—佛山、韶关—东莞，属于第一级别，表现为强联系状态；韶关—珠海、韶关—惠州、韶关—中山、韶关—江门、韶关—肇庆，属于第二级别，表现为较强联系状态；韶关—广州，属于联系强度较低的第三级别。

对比分析表 8 和表 9，课题组发现：从总体上讲，韶关与珠三角地区的联系紧密程度，第二产业高于第三产业。韶关与珠三角地区之间，在第二、三产业联系程度上呈现出时空分异。由 2008 年两者均值相差 0.19%，到 2013 年的 0.23%、2018 年的 0.22%，以及韶关与珠海、佛山、惠州、东莞、中山、江门、肇庆 7 市之间的二、三产业联系程度差值可以得到证实。通过韶关与广州、深圳之间在第二产业与第三产业联系程度差值的对比分析，也不难发现，韶关与广州、深圳之间在第三产业上的联系程度上明显高于第二产业。

结论 2-1-4：韶关产业结构呈现出三大产业融合的基本态势。农副食品加工、食品制造、烟草制品、造纸和纸制品、中成药生产等三大产业融合程度进一步增强。交通运输、仓储和邮政业、信息传输、软件和信息技术服务业和租赁和商务服务业等生产性服务业在三大产业融合发展中发挥了重要作用。韶关与珠三角地区之间的产业联系进一步增强，韶关进一步融入珠三角地方生产网络之中。但相对而言，韶关第二产业融入珠三角地区的程度明显高于第三产业，韶关与珠三角地区各市之间在第二、三产业联系程度上也存在着明显的空间分异。从韶关与珠三角地区 9 市之间的产业联系强度值上看，韶关与深圳、韶关与佛山、韶关与东莞之间的第二、三产业联系最强。

（二）产业结构效应原因探究

1. 传统要素对韶关产业结构效应的影响

从经济地理学来看，区域产业组织及空间结构会受到土地因素、劳动力因素、资本因素、交通因素和市场因素等传统因素的影响。基于数据的可获得性，考虑到城镇化包含土地城镇化的内涵，可支配收入多少在某种程度上决定了消费者的消费能力和水平等。课题组以城镇化率代表土地因素，以从业人员代表劳动力因素，以固定资产投资代表资本因素，以公路里程数代表交通因素，以居民可支配收入代表市场因素。利用 2004—2018 年韶关统计年鉴数据，对影响韶关市产业结构效应的传统因素进行 SPSS 相关分析，结果见表 10。由表 10 可知，第二产业增加值、工业增加值、第三产业增加值与资本（固定资产投资）、劳动力（社会从业人员）、市场（居民可支配收入）、土地（城镇化率）和交通（公路里程数）等要素间的相关系数 R 值均超过 0.80，在给定的 0.01 水平（双侧）上，呈显著相关关系。这说明，土地、劳动力、资本、交通和市场等传统因素对韶关产业结构演变发挥了重要作用。

表 10 产业结构与传统影响因素的相关性分析

		固定资产投资	社会从业人员	居民可支配收入	城镇化率	公路通车里程
第二产业增加值	Pearson 相关性	0.970**	0.976**	0.956**	0.850**	0.966**
	显著性（双侧）	0	0	0	0.004	0
	N	15	15	9	9	15
工业增加值	Pearson 相关性	0.947**	0.962**	0.971**	0.899**	0.965**
	显著性（双侧）	0	0	0	0.001	0
	N	15	15	9	9	15
第三产业增加值	Pearson 相关性	0.983**	0.989**	0.998**	0.922**	0.926**
	显著性（双侧）	0	0	0	0	0
	N	15	15	9	9	15

注：**.在 0.01 水平（双侧）上显著相关。*.在 0.05 水平（双侧）上显著相关。

为进一步厘清各因素对韶关产业结构演变的贡献大小，课题组将土地、交通、市场等因素加入柯布—道格拉斯生产函数模型中，构建新的生产函数模型，计算公式如下：

$$\ln Y = A + \alpha \ln L + \beta \ln K + \gamma \ln C + \lambda \ln G + \omega \ln S + \ln \mu$$

其中：Y 代表某产业增加值；A 为常数；L 代表社会从业人员；K 代表固定资产投资；C 是城镇化率；G 为公路里程数；S 代表居民可支配收入。α，β，γ，λ，ω 分别为各因素的弹性系数（贡献率），μ 表示随机干扰的影响。

SPSS 回归分析结果如下：

$$\ln Y_{\text{第二产业增加值}} = 128.200 + 0.699 \ln K - 29.948 \ln L + 0.231 \ln S + 3.851 \ln C + 0.735 \ln G$$
$$R = 0.988, F = 25.521, p = 0.012$$

$$\ln Y_{\text{工业增加值}} = 107.310 + 0.373 \ln K - 24.532 \ln L + 0.379 \ln S + 3.270 \ln C + 0.710 \ln G$$
$$R = 0.981, F = 15.079, p = 0.025$$

$$\ln Y_{\text{第三产业增加值}} = 13.687 + 0.167 \ln K - 1.427 \ln L + 0.848 \ln S + 0.930 \ln C - 0.603 \ln G$$
$$R = 0.999, F = 239.757, p = 0.000$$

由第二产业增加值与各传统因素的回归方程可知，资本（固定资产投资）、市场（居民可支配收入）、土地（城镇化率）和交通（公路里程数）因素对第二产业增加值的弹性系数分别为 0.699、0.231、3.851 和 0.735。这说明，这四个要素对第二产业结构变化作出了正面贡献，尤其是以土地因素的贡献率最大。这种贡献率特性，在工业第二产业增加值与各因素的回归方程中表现出高度的一致性。由第三产业增加值与各传统因素的回归方程可知，资本（固定资产投资）、市场（居民可支配收入）和土地（城镇化率）对第三产业增加值的弹性系数分别为 0.167、0.848 和 0.930。这说明，这三个要素对第三产业结构变化作出了正面贡献，同样也是以土地因素的贡献率最大。由三个方程中社会从业人员弹性系数均为负值（-29.948、-24.532、-1.427）可知，劳动力因素对二、三产业结构升级的贡献率很低。同样，由公路里程数的弹性系数（0.735、0.710 和-0.603）可知，交通因素对韶关第二产业的发展有正面影响，其贡献率甚至高于市场因素。但在第三产业的发展上，交通依然是限制性因素。

结论 2-2-1：土地、资本、劳动力、交通、市场是区域经济和产业发展的重要影响因素，也是传统影响因素。基于 2004—2018 年度时间序列数据分析，结果显示：资本、市场、土地和交通等传统因素与韶关产业结构变化存在着很强的关联性，传统因素对韶关产业结构升级发挥着重要的作用。土地、资本和市场对韶关第二、三产业结构变化有积极的贡献，尤其以土地贡献最大；交通因素对韶关第二产业的发展有正面影响，其贡献率大于市场因素；劳动力因素已成为影响韶关第二、三产业结构升级的限制性因素；交通因素在第三产业的快速发展上作用不明显。

2. 创新要素对韶关产业结构效应的影响

技术创新是推动经济发展的重要力量。技术进步对区域经济增长的贡献率，也可以借助于柯布—道格拉斯生产函数模型进行定量计算。其计算公式为：

$$Y = A(t)L^{\alpha}K^{\beta}\mu$$

经对数变换后为：

$$\ln Y = \ln A(t) + \alpha \ln L + \beta \ln K + \ln \mu$$

其中：$A(t)$ 为综合技术水平，L 是投入的劳动力数；K 是投入的资本；α，β 分别为劳动力和资本产出的弹性系数；μ 表示随机干扰的影响。

借助柯布—道格拉斯生产函数模型，利用 2004—2018 年度《韶关统计年鉴》数据，对韶关市第二、三产业增加值，固定资产投资，第二、三产业从业人员统计数据经 SPSS17.0 软件处理后，可粗略算出技术进步对韶关第二、三产业的贡献率，结果见表 11。

表 11　技术进步对韶关第二、三产业的贡献率

	技术贡献率 $\ln A(t)$	劳动力贡献率（α）	资本贡献率（β）
第二产业	9.010	−2.529	0.946
第三产业	2.161	−0.003	0.842

由表 11 可知，在 2004—2018 年间，技术进步对第二产业和第三产业的贡献率分别为 9.010 和 2.161，技术因素对韶关第二产业和第三产业的贡献率均明显大于资本、劳动力。另外，利用柯布—道格拉斯生产函数模型，对 1980 年代、1990 年代和 2000 年代韶关制造业进行计算，结果显示：韶关技术因素的贡献率由 -11.498→1.155→56.844，说明技术创新因素对韶关制造业的影响在逐步增强。由于技术创新因素的强化作用，20 世纪 80 年代以劳动密集型为主的韶关制造业正逐步调整到 90 年代和 21 世纪以来的资本、技术密集型产业上来。这也由劳动力因素（4.635→1.120→-11.152）、资本因素（0.088→0.492→0.867）的贡献率变化可以得到进一步证实。由此判定：由于技术创新及其所带来的技术进步，韶关二、三产业正由劳动密集型产业向技术、资金密集型产业转型升级。

从韶关第三、四次经济普查科技数据的比较上，也容易找到答案。与第三次（2013 年）经济普查时相比，2018 年韶关科技投入与创新环境有了较大改善。2018 年，全市拥有省级工程技术研究开发中心 61 家，是 2013 年 5.08 倍；拥有独立科技活动机构 21 个，独立科技活动机构科技人员 305 人；拥有高新技术企业 166 家，是 2013 年的 5.19 倍；拥有财政科技投入 4.54 亿元，是 2013 年的 1.81 倍。从科技创新成果产出上看，2018 年，韶关实施科技项目数 169 项，是 2013 年的 1.94 倍；申请专利 7340 个，是 2013 年的 3.24 倍；专利授权 3808 个，为 2013 年的 2.65 倍；高新技术产品增加值 429.53 亿元，为 2013 年的 1.93 倍。

表 12　韶关产业结构与创新要素的相关分析

		第二产业增加值	工业增加值	第三产业增加值			第二产业增加值	工业增加值	第三产业增加值
科技单位数	Pearson 相关性	-0.026	-0.163	-0.029	企业资金	Pearson 相关性	0.953**	0.947**	0.936**
	显著性（双侧）	0.946	0.676	0.941		显著性（双侧）	0	0	0
	N	9	9	9		*N*	9	9	9
有 R&D 活动单位数	Pearson 相关性	0.884**	0.947**	0.909**	专利申请数	Pearson 相关性	0.873**	0.932**	0.898**
	显著性（双侧）	0.002	0	0.001		显著性（双侧）	0.002	0	0.001
	N	9	9	9		*N*	9	9	9
有研发机构单位数	Pearson 相关性	0.781*	0.855**	0.846**	发明专利数	Pearson 相关性	0.850**	0.908**	0.893**
	显著性（双侧）	0.013	0.003	0.004		显著性（双侧）	0.004	0.001	0.001
	N	9	9	9		*N*	9	9	9
R&D 人员	Pearson 相关性	0.509	0.571	0.392	发表科技论文	Pearson 相关性	0.022	0.043	-0.142
	显著性（双侧）	0.161	0.108	0.297		显著性（双侧）	0.959	0.919	0.737
	N	9	9	9		*N*	8	8	8
R&D 经费内部支出	Pearson 相关性	0.735*	0.792*	0.66	技术改造经费支出	Pearson 相关性	-0.857**	-0.805**	-0.911**
	显著性（双侧）	0.024	0.011	0.053		显著性（双侧）	0.003	0.009	0.001
	N	9	9	9		*N*	9	9	9
R&D 经费外部支出	Pearson 相关性	-0.348	-0.251	-0.437	购买境内技术经费支出	Pearson 相关性	-0.815**	-0.727*	-0.793*
	显著性（双侧）	0.359	0.515	0.24		显著性（双侧）	0.007	0.027	0.011
	N	9	9	9		*N*	9	9	9
政府资金	Pearson 相关性	0.191	0.308	0.196	引进境外技术经费支出	Pearson 相关性	-0.817**	-0.731*	-0.812**
	显著性（双侧）	0.623	0.42	0.613		显著性（双侧）	0.007	0.025	0.008
	N	9	9	9		*N*	9	9	9

续表

		第二产业增加值	工业增加值	第三产业增加值			第二产业增加值	工业增加值	第三产业增加值
引进技术消化吸收经费支出	Pearson 相关性	-0.877^{**}	-0.795^{*}	-0.876^{**}					
	显著性（双侧）	0.002	0.01	0.002					
	N	9	9	9					

注：**.在 0.01 水平（双侧）上显著相关；*.在 0.05 水平（双侧）上显著相关。

利用2008—2018年规模以上工业企业科技相关指标与韶关市第二产业、工业和第三产业增加值进行相关分析，结果见表 12。由表 12 可知，创新主体（R&D 活动单位数、有研发机构单位数）、创新资金（企业资金、R&D 经费内部支出）、创新途径（技术改造、购买境内技术、引进境外技术、引进技术消化吸收）、创新产出（专利申请数、发明专利数）等指标与各产业增加值相关系数绝对值介于 0.727~0.953 之间，在给定的 0.01 或 0.05 显著性水平上，呈强相关关系。

将创新主体（R&D 活动单位数 X_1、有研发机构单位数 X_2）、创新资金（企业资金 X_3、R&D 经费内部支出 X_4）、创新途径（技术改造 X_5、购买境内技术 X_6、引进境外技术 X_7、技术引进消化吸收 X_8）、创新产出（专利申请数 X_9、发明专利数 X_{10}）等相关性强的指标分别与第二产业增加值（Y_1）、工业增加值（Y_2）、第三产业增加值（Y_3）经过自然对数变换后，经 SPSS17. 0 软件回归分析处理后，可粗略算出各创新要素对韶关第二、三产业的贡献率：

$$\ln Y_1 = 12.918 + 0.149\ln X_4 + 0.305\ln X_5 + 0.010\ln X_7 + 0.049\ln X_9 \\ -0.068\ln X_2 - 0.167\ln X_3 - 0.037\ln X_6 - 0.169\ln X_8$$

$$\ln Y_2 = 13.090 + 0.053\ln X_2 + 0.196\ln X_5 + 0.003\ln X_7 + 0.077\ln X_9 \\ -0.285\ln X_3 - 0.021\ln X_6 - 0.108\ln X_8$$

$$\ln Y_3 = 11.051 + 0.548\ln X_3 + 0.163\ln X_5 + 0.007\ln X_6 - 0.008\ln X_2 \\ -0.232\ln X_4 - 0.012\ln X_7 - 0.181\ln X_8 - 0.017\ln X_9$$

结果显示：R&D 经费内部支出、技术改造费用、引进境外技术、专利申请数四个指标，对第二产业增加值贡献率分别为 0.149、0.305、0.010 和 0.049。其中，技术改造对韶关第二产业增加值贡献最大。研发机构单位数、技术改造、引进境外技术、专利申请数四个指标，对工业增加值贡献率分别为 0.053. 0.196. 0.003 和 0.077。同样，技术改造对韶关工业增加值贡献最大。企业资金、技术改造、购买境内技术三个指标对第三产业增加值贡献率分别为 0.548、0.163 和 0.007，说明第三产业增加值的变化，更多来源于企业自有资金和技术改造。综合来看，创新主体、创新资金、创新途径和创新产出对韶关产业结构调整与升级均产生了影响，在二、三产业结构变化过程中，企业 R&D 资金投入、技术引进和技改投入等创新要素发挥了关键性的作用。

结论 2-2-2：产业结构优化与升级离不开创新。创新主体、创新资金和创新途径等直接影响着创新效果（创新产出）。构建区域创新体系是区域产业结构优化与升级的关键。基于 2004—2018 年度时间序列数据的生产函数模型分析，结果显示：技术因素已超越劳动力因素和资本因素，在韶关经济社会发展过程中扮演越来越重要的作用。由于技术创新因素的强化作用，韶关正由以劳动密集型为主的产业逐步调整到以资本、技术密集型产业上来；创新主体、创新资金、创新途径和创新产出对韶关产业结构调整与升级均产生了显著的影响；韶关二、三产业结构优化与升级，跟研发机构、R&D 活动单位数等创新主体，来自企业内部的 R&D 经费等创新资金，技术引进、技术改造等创新途径，专利发明与申请等创新产出有着密切的关联；在第二、三产业结构变化过程中，企业 R&D 资金投入、技术引进和技改投入等创新要素发挥了关键性的作用。

3. 产业转移对韶关产业结构效应的影响

产业转移是产业在地理位置上的部分或整体迁移以及产业生产份额在区域之间此消彼长的过程。课题组借鉴贺曲夫和刘友金（2012）、段小薇和苗长虹（2016）等学者的研究方法，采用产业转移承接指数对广东省内地区之间产业转移趋势和特征进行定量分析。计算公式如下：

$$P_{ij,t}=\frac{1}{t}\left(\frac{r_{ij,t}}{R_{j,t}}-\frac{r_{ij,0}}{R_{j,0}}\right)\times 100\%$$

式中，$P_{ij,t}$ 为广东省内地区 i 第 j 个产业转移承接指数，表示地区 i 第 j 个产业在[0，t]时段内产业转移承接的平均值；$r_{ij,t}$、$r_{ij,0}$分别为广东省内地区 i 第 j 个产业在 t 期和初始期的增加值；$R_{j,t}$、$R_{j,0}$为广东省第 j 个产业在 t 期和初始期增加值。当 $P_{ij,t}>0$ 时，说明地区 i 第 j 个产业在[0，t]时段内存在产业转入，即产业转移承接；当 $P_{ij,t}<0$ 时，说明地区 i 第 j 个产业在[0，t]时段内存在产业转出情况；当 $P_{ij,t}=0$ 时，说明地区 i 第 j 个产业在[0，t]时段内既不存在产业转出也不存在产业转入情况。

分别以第一次（2004 年）、第二次（2008 年）、第三次（2013 年）和第四次（2018 年）经济普查年为时间节点，以《广东统计年鉴》、广东省经济普查和《韶关统计年鉴》“规模以上制造业行业总产值”数据资料为依据，运用产业转移承接指数公式，计算结果见表 13。

表 13　韶关市产业转移承接指数变化率（%）

	2004—2008 年	2008—2013 年	2013—2018 年
农副食品加工业	0.05	0.03	−0.002
食品制造业	0.09	−0.07	−0.006
酒、饮料和精制茶制造业	−0.15	−0.03	−0.065
烟草制品业	−0.56	0.09	0.093
纺织业	−0.02	0.04	0.021
纺织服装、服饰业	0.02	−0.02	−0.009
皮革、毛皮、羽毛及其制品和制鞋业	0.03	0.03	−0.032
木材加工和木、竹、藤、棕、草制品业	−0.02	0.54	−0.149
家具制造业	−0.04	−0.01	−0.024
造纸和纸制品业	−0.01	−0.02	0.032
印刷和记录媒介复制业	0.04	0.00	−0.002
文教、工美、体育和娱乐用品制造业	0.29	−0.18	−0.120
石油加工、炼焦和核燃料加工业	0.00	0.00	0.000
化学原料和化学制品制造业	−0.02	0.24	−0.108
医药制造业	−0.09	0.02	−0.035
化学纤维制造业	0.00	0.00	0.000
橡胶和塑料制品业	0.00	0.05	−0.028
非金属矿物制品业	−0.02	0.11	−0.028
黑色金属冶炼和压延加工业	−1.74	−0.54	0.257
有色金属冶炼和压延加工业	−1.19	−0.38	0.117

续表

	2004—2008 年	2008—2013 年	2013—2018 年
金属制品业	0.09	0.02	0.016
通用设备制造业	−0.09	−0.14	0.009
专用设备制造业	−0.25	0.04	−0.091
汽车制造业	0.00	0.03	−0.023
铁路、船舶、航空航天和其他运输设备制造业	0.00	−0.01	0.000
电气机械和器材制造业	−0.04	0.03	−0.009
计算机、通信和其他电子设备制造业	0.01	−0.02	0.002
仪器仪表制造业	0.02	0.09	0.066
其他制造业	0.02	−0.02	0.019
废弃资源综合利用业	0.43	−0.02	−0.204
金属制品、机械和设备修理业	0.00	0.10	−0.056

由表 13 可知，在 2013—2018 年间，烟草制品业（0.093%），纺织业（0.021%），造纸和纸制品业（0.032%），石油加工、炼焦和核燃料加工业（0.001%），黑色金属冶炼和压延加工业（0.257%），有色金属冶炼和压延加工业（0.117%），金属制品业（0.016%），通用设备制造业（0.009%），计算机通信和其他电子设备制造业(0.002%)，仪器仪表制造业(0.066%)，其他制造业（0.019%）等 11 个制造业行业产业转移承接指数（$P_{ij,t}$）> 0，说明韶关这 11 个制造业行业存在产业转入，有产业转移承接。从 2004—2008 年、2008—2013 年和 2013—2018 年三个阶段同一行业产业转移承接指数（$P_{ij,t}$）的变化值上看，烟草制品业、纺织业、黑色金属冶炼和压延加工业、有色金属冶炼和压延加工业、金属制品业、仪器仪表制造业等 6 大行业产业转入、承接呈现持续增强趋势。

实际上，作为粤北山区的重要城市，韶关承接了来自三部分的产业转移：一是国际产业转移，即外商投资；二是境外产业转移，即港澳台投资；三是国内或省内产业转移，即内资投资、产业转移园投资等。2018 年，韶关市获外商及港澳台投资 39.96 亿元、内资投资 699.14 亿元；产业转移园规模以上工业企业数已达 316 个、实现工业增加值 112.52 亿。与 2013 年相比，2018 年韶关承接外商及港澳台投资额相当，但内资投资增加了 1.12 倍，产业转移工业增加值增加了 1.64 倍。

基于数据资料的可获得性，课题组利用外商及港澳台投资、内资投资、产业转移园规模企业数及规模增加值等指标分别代表国际（境外）产业转移、国内产业转移和省内区际产业转移。将上述 4 个因子视为产业转移承接的解释变量，分别以第二产业增加值、工业增加值和第三产业增加值为产业转移承接结构效应的被解释变量。在对各变量进行自然对数变换后，运用 SPSS 软件进行相关性分析，结果显示：第二产业增加值与外商投资、内资投资的相关系数分别为 0.859 和 0.916，在给定的 0.01 水平（双侧）上，呈显著正相关关系。工业增加值与外商投资、内资投资的相关系数分别为 0.863 和 0.844，在给定的 0.01 水平（双侧）上，也呈显著正相关关系。第三产业增加值与外商投资、内资投资的相关系数分别为 0.877 和 0.948，在给定的 0.01 水平（双侧）上，同样呈显著正相关关系。这说明，韶关产业结构变化与外商投资和内资投资有着密切的关联性，其中外商投资属于国际产业转移的范畴。结合各产业增加值与港澳台投资、产业转移园区相关指标的相关系数 *R* 值介于 0.271~0.629，可进一步说明，港澳台产业转移、广东省内区际产业转移对韶关二、三产业结构变化的影响相对较小（见表 14）。

表 14　韶关产业结构与国际国内产业转移承接的相关分析

		港澳台投资	外商投资	内资投资	产业转移园规模企业数	产业转移园规模增加值
第二产业增加值	Pearson 相关性	0.271	0.859**	0.916**	0.412	0.304
	显著性(双侧)	0.42	0.001	0	0.417	0.558
	N	11	11	11	6	6
工业增加值	Pearson 相关性	0.303	0.863**	0.844**	0.588	0.484
	显著性(双侧)	0.365	0.001	0.001	0.219	0.331
	N	11	11	11	6	6
第三产业增加值	Pearson 相关性	0.142	0.877**	0.948**	0.629	0.541
	显著性(双侧)	0.676	0	0	0.181	0.267
	N	11	11	11	6	6

注：**0.01 水平（双侧）上呈显著相关。

基于外商投资、内资投资对韶关第二、三产业增加值的强正相关关联，以外商投资（X_1）、内资投资（X_2）为自变量，各产业增加值（Y）为因变量，由此可构建起相关回归方程如下：

$$\ln Y_{第二业增加值} = 7.741 + 0.128 \ln X_1 + 0.372 \ln X_2$$

$$R = 0.950, F = 36.877, p = 0.000$$

$$\ln Y_{工业增加值} = 9.296 + 0.156 \ln X_1 + 0.237 \ln X_2$$

$$R = 0.910, F = 19.311, p = 0.001$$

$$\ln Y_{第三业增加值} = 2.763 + 0.204 \ln X_1 + 0.651 \ln X_2$$

$$R = 0.978, F = 88.340, p = 0.000$$

各回归方程相关系数 R 值大于 0.900、概率 p 值小于 0.01，在给定的 0.01 水平（双侧）上呈显著相关。由此可知：外商投资、内资投资两个自变量对第二产业、工业和第三产业增加值因变量均体现出正面的贡献。但相对而言，内资投资对各产业增加值的贡献率远大于外商投资。这说明，国际产业转移在韶关二、三产业结构演变过程中，的确发挥了重要的积极影响，但并不是决定性的因素。

结论 2-2-3：产业转移对区域产业结构有着重要的影响。基于传统优势产业的比较优势和已有基础，韶关吸引了以黑色金属、有色金属、烟草、纺织等轻纺类和资源类产业的不断涌入。韶关产业结构变化与外商投资和内资投资有着密切的关联性，但相对而言，内资投资对各产业增加值的贡献率远大于外商投资，港澳台投资对韶关产业结构变化的影响相对较小。韶关产业结构受到“内资投资”惯性的重大影响，国际（含境外）产业转移在韶关产业结构演变过程中并没有起到决定性的作用。

三、韶关产业结构调整优化与转型升级的几点建议

产业结构调整优化与转型升级，是区域经济持续健康发展的重要体现。产业结构优化升级不仅包括传统意义上的产业结构优化升级，即产

业增加值和就业在第一、第二和第三产业之间比重的有序变动，产业结构由第一产业占优势比重逐渐向第二、第三产业占优势比重演进的规律性调整优化与升级过程，也包括行业之间和产品之间的由劳动密集型占优势比重的行业向资本、技术密集型占优势比重行业演进过程，甚至还表现为由低附加值环节占优势比重产品向高附加值环节占优势比重产品演进的过程。基于韶关产业结构、行业结构、产品结构和价值链结构的现状特征、存在问题及其主要原因的总体研判，结合韶关主体功能定位、国际国内产业发展环境，课题组提出韶关产业结构调整优化与转型升级的相关建议。

（一）坚持生态优先、绿色发展的总原则

2018 年，韶关被确定为北部生态发展区，归属于广东省“一核一带一区”中的“一区”发展战略。北部生态发展区的主体功能定位，基本上框定了韶关“生态优先”和“绿色发展”的社会经济发展总基调。生态优先和绿色发展的基本理念，意味着韶关经济发展和产业组织应是在优先保证生态环境效应基础之上的，是要兼顾生态效应、经济效应和社会效应的。为此，韶关应转变甚至是跳出传统的发展思维，用绿色发展和生态发展的理念来重新审视韶关现有产业，找出那些与“绿色发展”和“生态发展”不相符合的生产要素、组织模式和产业业态，进而着手开展韶关现有产业结构的解构、调整与重构，实现韶关产业由传统产业向绿色产业、生态产业、健康产业转型升级。

这需要韶关各级政府及相关职能部门清晰且明确地意识到绿色发展和生态发展是韶关未来社会经济发展和产业结构调整优化的唯一选择、唯一出路，树立起绿色发展、生态发展的理念，促成韶关产业结构向绿色、生态方向调整和优化的态度统一，做到上下同心、相向而行，发挥出政府在产业结构调整与优化过程中的引领和主导作用。这需要韶关借助政策、法律和行政等手段，面向个体、企业、产业，围绕绿色产业、生态产业，以及健康产业、产品，在资金、技术和人才等要素上，在生产、加工、流通和销售上给予优惠条件，帮助企业或经营主体降低成本，实现盈利。这还需要立足已有产业、企业，在确保现有产业、企业主体利益不受损的前提下，以韶关轻纺类企业、资源加工型企业为重点，指导和引导这两类企业逐步向技术含量高、节能减排效果好的环保型的产业和产品转型、升级。

（二）紧抓融入“双区”、参与“双循环”历史机遇

目前，全球—地方生产网络已成为时代潮流。国内、国际存在两个相互关联、互为促进的经济循环系统。融入全球或地方生产网络，利用好国内国际两个循环，参与价值链分工与协作对于地方产业转型和升级尤显重要。欠发达地区通过融入全球或地方生产网络，参与价值链分工与协作，地方产业迎来了结构调整、流程升级和产品升级的重大历史机遇，但由于受价值链治理的负面影响，地方产业也存在着功能升级、链条升级困境等诸多风险。因此，基于价值链治理及其对地方产业升级的局限性，欠发达地区的地方产业在嵌入全球价值链的同时，有必要构建以自身为核心的价值链体系，通过全球、地方双重嵌入路径，利用国内国际双循环，积极获取关键或稀缺资源，并将之内化为动力，以达到地方产业（企业）功能升级和价值链升级的目的。

就韶关而言，伴随着广东省“一核一带一区”空间发展、粤港澳大湾区和深圳中国特色社会主义先行先试区的“双区”战略构建，韶关社会经济发展和产业结构调整优化迎来了前所未有的历史机遇。通过对接、融入、参与和服务“双区”建设，借助国内国际双循环，在更开放的环境中实现韶关产业结构调整、优化与升级，是完全可能的。粤港澳大湾区是世界四大湾区之一，其人口和土地规模为四大湾区之首，要素资源丰富、市场潜力巨大，韶关通过进一步对接、融入、参与和服务“双区”建设，不仅可以迅速融入粤港澳大湾区生产网络之中，参与区域价值链（区块链）的生产与分工，还可以利用大湾区的港口、贸易条件，化解韶关“山区经济”的进出口困境，顺势融入全球生产网络、全球价值链体系，实现全球、地方双重嵌入，并通过在更大空间尺度上的要素捕获、生产加工、产品营销、品牌推广等价值链构建，实现韶关产业结构的持续调整、优化与升级。

为此，韶关应紧紧抓住“双区”建设的历史机遇，强化对韶关产业融入、参与“双区”建设的相关理论、基础和条件分析，在产业遴选、次序安排、空间组织上进行充分研究，主动融入“双区”建设，实现产业结构优化升级。具体到行业，根据差异化和比较优势原则，课题组建议：在第二、三产业融入“双区”建设，参与粤港澳大湾区价值链网络分工与协作的次序上，应首选烟草制品业，木材加工和木、竹、藤、棕、草制品业，文教、工美、体育和娱乐用品制造业，化学原料和化学制品

制造业，非金属矿物制品业，黑色金属冶炼和压延加工业，有色金属冶炼和压延加工业，专用设备制造业，废弃资源综合利用业，电力、热力生产和供应业，家具制造业，医药制造业，橡胶和塑料制品业，汽车制造业，电气机械和器材制造业，旅游业，交通运输、仓储和邮政业和金融业等 18 类行业。

在融入空间指向上，韶关应以东莞、广州、深圳、佛山为重点，以与广州签署战略合作框架协议和广东省新一轮对口帮扶“帮扶产业发展”“双区”建设和“一带一路”战略为契机，以技术改造、两化融合、转移承接、集群组织、创新发展为抓手，在主动融入“双区”建设过程中，注重产业链的引进、对接、合作和创新，通过产业链延伸、对接、配套，加快融入粤港澳大湾区工业体系，实现韶关工业由工艺流程、产品、功能到整个产业链条的升级，进而推进韶关工业结构进一步合理化、高级化，促进韶关工业的可持续发展。根据广东省“生态发展区”和韶关“粤港澳大湾区融合发展区”“广东生态旅游休闲区”“国家生态文明先行示范区”的功能定位，充分利用韶关交通区位条件、挖掘韶关自然人文特色资源，以国家交通枢纽城市、“一带一路”节点城市建设、广佛肇清云韶“3+3”经济圈、韶关芙蓉新城建设为契机，力争“十四五”期间将韶关纳入“广—清—韶”一体化建设笼子，以先进装备制造业、数据产业、金融业、物流业、文化旅游产业为重点，政府搭台、企业唱戏，产城融合、区域协同，加快实现与珠三角地区的深度合作，推动韶关产业升级发展。

（三）强化产业链创新，推动园区集群式升级

地方产业结构的培育、发展、升级与固化，受诸多时空要素影响且是一个较为复杂的动态耦合过程。资源条件、产业基础、政府政策、体制机制等，无不对地方产业升级产生正面或负面的影响。伴随着全球化 2.0 和工业化 4.0 时代的到来，技术及其创新在经济活动中的地位和作用进一步凸显，成为影响地方产业持续升级和赢得全球化竞争的关键性要素。技术是稀缺的，也是高度流动性的。技术扩散与技术创新同时并存。放眼全球，关键技术、核心技术、战略性新技术，已成为赢得全球性竞争的关键。从技术获取途径上看，技术可分为技术引进和技术原创两种。技术引进，需要地方主体敏锐地感知到关键战略性技术、产业瓶颈性技术之所在，并通过一定渠道，从外部捕捉到此项技术成果。技术引进型

地方产业结构优化升级的基本路径为：技术引进→技术改造→流程升级→产品升级→新技术引进→新的技术改造→新的流程升级→新的产品升级；但是，由于关键技术掌握在国家、产业、行业甚至企业手中，地方产业升级的深度和广度会大打折扣，终归会产生技术受制于人、产业面临升级天花板“困境”。实际上，技术原创，即自主技术研发与创新，才是地方产业由流程升级、产品升级走向功能升级和价值链升级的关键。技术、知识和能力，是以人才为载体形式存在的。技术引进、技术创新，靠的是人才。因此，应加快人才的引进，实现人才在空间上的集聚，化资源优势为人才优势，通过产业链各环节的整体技术创新，形成产业链集群式创新，实现地方产业生存发展、保持技术领先优势和持续优化升级。

基于上述分析，课题组认为，韶关应立足于粤港澳大湾区“广州—深圳—香港—港门”科技创新走廊，着眼于全国、全球产业创新源，围绕着韶关产业结构优化升级的核心领域、关键性技术、战略性技术，加大技术尤其是新技术、先进技术的引进力度，快速弥补产业技术短板；同时，继续用好“丹霞人才”优惠政策，从全省、全国甚至是全球招聘优秀人才，尤其是产业转型升级急需的应用型人才，打造创新人才集聚区。另外，充分利用好韶关学院和省内外高校、行业协会和龙头企业，聚资聚力，培育、营造技术创新和区域创新氛围，加快推进应用型、原创型甚至基础技术的攻关、研发与创新，着力解决关乎韶关产业转型升级的“卡脖子”技术，强化前沿性技术、新技术的成果转化与利用。在开放、竞争、变化的全球性市场环境中，通过不断提升学习能力、在技术跟随中强化自主创新，实现韶关产业技术创新。

立足于农副产品加工、钢铁、机械等省内传统优势产业，装备制造、汽车、仪器仪表等战略性高技术产业和先进制造业，强化产业链内部各环节和一、二、三产业之间的技术引进、研发与创新，构建以韶关自身龙头企业主导的产业技术创新链，并以韶关芙蓉新城和各县（区、市）城镇产业园区为空间载体，用产业链集群创新思维整合园区、改造园区，利用好韶关“区域性交通枢纽”的区位优势，立足粤港澳大湾区、华南地区、全国，寻求与韶关产业结构调整、优化与升级息息相关、紧密相联的核心要素资源，加快人才、资金、技术、知识等核心要素资源在园区的聚集。以数字化、信息化、自动化、智能化“四化”为出发点，大力推进数字信息、交通物流、法律和政策咨询等为主体的生产性服务业的就近发展，以及住房、教育、医疗、卫生等生活性服务业的高质量保障，基于企业、产业、区域和园区四个维度，通过要素集聚、产城融合、产业链合作、技术协同创新等途径，以及关联与整合、响应与调整、引致与倒逼、示范与学习、信任与奖惩、分工与协同等机制，构建起韶关产业结构调整与优化升级的企业价值链攀升、产业结构高度化、地方生产网络嵌入、产业集群创新升级的四种路径模式。

（四）培育具有地方特色的绿色健康产业体系

伴随着经济全球化 2.0、工业化 4.0 以及现代服务业信息化、数字化和“互联网+”时代的到来，全球技术创新与扩散、全球产业转移与地方产业集群、全球生产网络和地方生产网络等产业发展环境正发生显著变化。实际上，自 2020 年以来，由于受新冠疫情的影响，要素全球性流动、跨国贸易受挫，全球经济迅速进入低迷、萧条时期，许多国家和地区尤其是受新冠疫情影响严重的国家，面临就业、生计等问题，新冠疫情给世界人民生产和生活带来沉重灾难。与此同时，新冠疫情也促使人们进一步对人与自然、人与环境、人类需求与自然供给之间的关系进行重新审视。后疫情时代，人们更应清晰地意识到产业发展、产业结构必须回归到可持续发展理念、人地关系和谐发展道路上来，全球和地方生产重构、产业结构调整并向绿色、生态转型成为必然。未来，全球生产网络和地方生产网络、全球价值链分工与协作、全球和地方产业结构将基于人地关系和谐、人类命运共同体和可持续发展理念，围绕绿色、生态、健康、和谐展开。培育和构建具有绿色、健康和生态特色的产业体系，成为全球和地方产业结构调整、优化与升级的基本方向。

后疫情时代，韶关产业结构调整、优化、转型与升级，应立足行业现状，视具体产业性质、基础条件、技术水平、市场前景等情况，以产业生态化、生态产业化为导向，进行分类指导、逐步推进。对于传统资源类、轻纺类产业而言，虽然在韶关现有产业结构中占有相当大的比例，在省内也具有比较优势，但基于资源能源耗费、“三废”排放与“北部生态发展区”定位不相匹配。因此，对于那些与生态环境相抵触的产业和行业、对于生态环境效应低下或不符合节能减排要求的产业和行业以及相关经济活动，应纳入被调整和转型的序列。应加快传统产业技术创新和资金投入力度，以传统生产线技改、流程更新、“三废”循环回收利用为重点，利用韶关传统优势产业技术领先和产品比较优势，逐步压缩传统产品产量，开发低碳产品、环保产品和绿色健康产品，并实现生产规模化、市场品牌化。

对于机械装备、仪器仪表、汽车制造等高技术产业和先进制造业，虽然目前在韶关现有产业结构中占比小，在省内总体上也不具备竞争优势，但考虑到高技术产业和先进制造业是工业 3.0 以来制造业发展的主要方向，高技术产业和先进制造业对生态环境、人居环境的高质量要求，以及韶关“北部生态发展区”的优美生态环境、善美和谐的人居环境条件，课题组认为，“十四五”期间甚至更长一段时间，更应促成更多生态友好型的高技术产业和先进制造业在韶关落地、生根、开花和结果。应立足于粤港澳大湾区和国内国际双循环需求，通过差异化、错位发展原则，以先进装备制造、汽车零部件、生物制药、特色农产品加工等为重点，以世界 500 强为目标，集聚性引资、引技、引才，以莞韶产业园和省县两级产业园为重要载体，积极申报国家级产业园，实现先进制造业和高技术产业在韶关集群式发展。同时，注重产业链技术创新、组织创新、管理创新，加快信息化、自动化、智能化进程，促成韶关先进制造业和高技术产业与粤港澳大湾区产业体系的深度融合，参与国内国际双循环，在服务大湾区和参与双循环中，做大做强韶关先进制造业、提升高技术产业占比。

与此同时，需要进一步加快韶关现代服务业发展，提升韶关现代服务业质量。在生产性服务业上，应以交通、物流、数据信息、金融、法律服务、政策咨询等为重点，加大国内 300 强和省内 100 强企业的引驻力度，加快行业整合、企业兼并进度，构筑大交通、大物流、大数据等服务平台，通过服务粤港澳大湾区、“一带一路”、国内国际双循环，做大规模、提升品质。在生活性服务业上，应以生态旅游、健康养老、职业教育等为重点，加大与粤港澳大湾区的合作，力争在生态旅游、康养旅游、低碳旅游、研学旅游，在养老保健、药膳康养、中医理疗，在职业教育与技术培训，农业剩余劳动力二、三产业就业培训，高校应用型人才培养等方面，培育特色，形成规模。

韶关市工业企业 R&D 投入现状及产出绩效研究①

许家军

摘　要：结合韶关市及广东省相关统计资料，分析 2018 年韶关市规上工业企业 R&D 投入产出现状特征及其存在的主要问题。借鉴国内外学者进行 R&D 绩效评价的内容、研究方法和指标选择，运用 DEA 方法，测算制造业 19 个细分行业 R&D 综合效率，并分析重点行业研发绩效。进一步运用 DEA-Malmquist 指数模型，对韶关市 2017—2018 年 19 个制造业细分行业的创新全要素生产率进行测算。实证研究结果表明，各行业表现出的不同效率水平反映了不同行业资源配置与综合管理水平的差异，研发资源利用率、投入资本综合协调利用和具体创新模式是企业研发创新绩效提升之主要影响因素。最后，针对韶关市工业企业研发机构建设少、研发人员和经费投入总量不足、基础研究应用研究比重低、研发产出经济效益不高等问题，结合企业研发创新绩效提升的影响因素，主要从加大 R&D 人力、财力、物力投入及促进科技成果转化等方面提出提升韶关市工业企业 R&D 绩效的简要对策建议。

【关键词】R&D 绩效；综合效率；DEA；Malmquist 指数

工业企业的研发活动是科技活动中最具创造性和创新性的部分，是整个科技活动的基础和核心，关系着企业的生存、发展和市场竞争力的提高。自 2015 年以来，广东省启动加快建设创新驱动发展先行省的战略目标，先后印发《中共广东省委广东省人民政府关于加快建设创新驱动

① 基金项目：韶关市统计局委托课题“韶关市工业企业 R&D 投入现状及产出绩效研究”。

发展先行省的意见》《广东省人民政府关于印发〈珠三角国家自主创新示范区建设实施方案（2016—2020年）〉的通知》和《广东省人民政府关于印发广东省工业转型升级攻坚战三年行动计划（2015—2017年）的通知》等文件，鼓励工业企业创新驱动发展。韶关作为欠发达的生态发展区，新时代新定位于要在高水平保护中实现高质量发展，争当北部生态发展区高质量发展排头兵，这就必须依靠科技创新来实现。近年来，韶关市先后出台《韶关市实施创新驱动发展战略2018年工作要点》和《关于进一步促进科技创新的若干政策措施》等，提出大力提升全市产业技术创新能力。通过对近年来韶关市工业企业研发投入产出现状、研发绩效和创新效率进行系统的测算分析，揭示韶关市工业企业R&D投入产出的综合绩效及结构效益，有利于找到提高工业企业研发投入产出绩效的路径，提高工业企业创新能力。

一、企业R&D绩效评价内容与方法

（一）R&D绩效研究内容

R&D绩效（也称为创新绩效、技术效率等）目前并没有一个一致的定义。对于R&D绩效的研究目前主要集中在企业、行业和区域三个层面，从已有研究文献可以看出，对于绩效的争论主要集中在两个方面，一些学者认为R&D绩效反映的是投入的产出结果或效果，持这种观点的学者在研究时，往往选取专利情况、新产品销售收入情况、出口情况、劳动生产率（或全要素生产率）等指标。另一些学者则认为R&D绩效是研发投入和产出之间的转化效率或对比关系。本文认为，R&D绩效的评价不仅要看R&D产出的量，或者说不仅仅看它的“效果”，而且要看R&D投入与产出的相对关系，也就是它们的“效率”，R&D绩效是R&D效果与效率的统一。

（二）R&D绩效研究方法

目前，各学者在测算绩效时一般都是从投入产出角度来进行的，而采用的方法一般都是前沿函数法。根据是否要估计前沿函数的参数，该方法又可以分为非参数法和参数法，两类方法各有利弊。非参数法估算绩效时是利用数学规划方法来求解前沿面，不需要估计前沿生产函数的参数，此类方法主要包括数据包络分析法（DEA）和无界分析（FDH）。其中数据包络分析法应用最广，也最具代表性，在度量多投入多产出的绩效时具有优势。本文结合各种绩效测算研究方法的优缺点，选择数据包络分析方法（Data Envelopment Analysis，DEA）测算 2018 年韶关市不同行业规上工业企业 R&D 绩效，并进一步利用 DEA-Malmquist 指数分析近年来创新效率的动态变化，以对韶关市工业企业 R&D 投入产出绩效进行比较全面的评价。

1. DEA 分析方法

DEA 方法的主要思路是：将每一个被评价的单位或部门视为一个决策单元（DUM），通过判断 DUM 是否具有相同的输入与输出指标来判定它们是否属于同一个评价群体，对处于同一评价群体的 DUM 综合分析并得出效率评价的指标，并以此为依据对 DUM 定级排队，确定相对有效的 DUM，分析其他 DUM 非有效的原因，从而为决策者提供有用的决策信息。

设有 n 个决策单元，每个决策单元 DMU_i 有 n 种类型的输入和 k 种类型的输出，分别用输入变量 X_i 和输出变量 Y_i 表示。$X_{it}>0$ 表示第 i 个决策单元的第 t 种类型的输入量；Y_{ir} 表示第 i 个决策单元的第 r 种类型的输出量。对每一个决策单元，产出导向下对偶形式的 DEA–CCR 模型规划表达式为：

$$\min\left[\theta-\varepsilon\left(e_1^{\mathrm{T}}s^-+e_1^{\mathrm{T}}s^+\right)\right]$$

$$\text{s.t.}\begin{cases}\sum_{i=1}^{n}\lambda_i x_i+s^-=x_0\\ \sum_{i=1}^{n}\lambda_i y_i-s^+=\theta x_0\\ \lambda_i\geqslant 0,\quad i=1,2,\cdots,n\\ s^-\geqslant 0,\quad s^+\geqslant 0\end{cases}\tag{1}$$

其中：ε 为非阿基米德无穷小，且有 $\varepsilon>0$，$e_1=(1, 1, 1, \cdots, 1)^{\mathrm{T}}\in E^{n}$，$e_2=(1, 1, 1, \cdots, 1)^{\mathrm{T}}\in E^{k}$，以上即为模型（1）；模型（1）中，$\theta$ 为决策单元的效率值；s^+，s^-为松弛变量。该模型是在假定规模报酬不变的条件下计算技术效率。

在模型（1）中，施加凸性约束条件：

$$\sum_{i=1}^{n}\lambda_i=1$$

即为 DEA-BCC 模型。该模型测算规模报酬可变条件下的技术效率。综合技术效率（crste）可以进一步分解为纯技术效率（vrste）和规模效率（scale）。

2. DEA-Malmquist 指数分析

DEA 方法只能进行时间序列或者截面数据的效率测算，未能直接应用于面板数据的研究。1953 年，Malmquist 最早提出 Malmquist 指数，后来的学者们建立了用来观察两个不同时期全要素生产率增长（Total Factor Productivity Change，TFPCH）的 Malmquist 指数，弥补了静态 DEA 模型不能对面板数据进行分析的不足，使得 Malmquist 指数被广泛应用。具体形式为：

$$M(x_{t+1}, y_{t+1}, x_t, y_t) = \left[\frac{D^t(y_t, x_t)}{(y_{t+1}, x_{t+1})} \times \frac{D^{t+1}(y_t, x_t)}{D^{t+1}(y_{t+1}, x_{t+1})}\right]^{-\frac{1}{2}} \quad (2)$$

Malmquist 指数反映的是某决策单元 DUM 在两个时期的相对效率，Malmquist 指数大于 1，表示第 t 时期到 t+1 时期的效率水平增长，小于 1 表示效率下降，等于 1 表示效率未变化。

在规模报酬不变的假设下，生产率的变化受技术进步和技术效率变化的影响，Malmquist 指数（tfpch）可分解为技术效率变化指数（effch）和技术进步指数（techch）连乘，分解过程如下：

$$\mathrm{M}(x_{t+1,} y_{t+1}, x_{t,} y_t) = \left[\frac{D^t(y_t, x_t)}{D^{t+1}(y_{t+1}, x_{t+1})}\right]^{-1} \times \left[\frac{D^{t+1}(y_{t+1}, x_{t+1})}{D^t(y_{t+1}, x_{t+1})} \times \frac{D^{t+1}(y_t, x_t)}{D^t(y_t, x_t)}\right]^{-\frac{1}{2}} \quad (3)$$

即 $\mathrm{M}(x_{t+1,} y_{t+1}, x_{t,} y_t) = \mathrm{effch} \times \mathrm{techch}$

如果允许规模报酬可变，技术效率变动（effch）又可以进一步分解为纯技术效率变动（pech）和规模报酬变动（sech）的乘积，Malmquist 指数可以进一步分解为技术进步指数、纯技术效率指数与规模效率指数的连乘，也即

$$\mathrm{M}(x_{t+1,} y_{t+1}, x_{t,} y_t) = \mathrm{effch} \times \mathrm{techch} = (\mathrm{pech} \times \mathrm{sec\,h}) \times \mathrm{techch} \quad (4)$$

技术效率变化指数 effch，也被称为“追赶效应”，可理解为第 t 期至第 t+1 期内技术效率的相对变化。当 effch > 1 时，表明 DUM 的生产更接近生产边界，即技术效率得到改善，即 DUM 管理有效；反之，则表示技术效率恶化，即管理不当。技术进步变化指数 techch，反映了第 t 期至第 t+1 期内生产边界移动的情况。techch > 1 时，说明生产边界外移，即整体技术水平得到提高；反之，表明生产边界向内侧移动，即整体技术

水平出现衰退趋势。

（三）R&D 绩效测算指标

R&D 绩效是指研发过程中各要素投入与产出之间的转化效率，反映了投入资源对产出成果的贡献程度，许多学者构建了不同的指标体系，运用不同的方法对这种转化绩效进行了测算和评价。不管是随机前沿方法还是数据包络方法，尽管各学者选择的衡量指标有所不同，但是有些指标却几乎得到了绝大多数学者的认可：对于人力投入变量，研发人员全时当量就是一个很好的衡量指标；对于研发资本投入变量，一般选择 R&D 经费内部支出或研发资本存量，相对来说后者更加可靠些，只是有些学者可能考虑到计算的方法、计算的复杂性或者数据的可得性等问题，往往在研究中采用了统计年鉴上可以直接查到的 R&D 经费内部支出；对于 R&D 产出变量，一般选取专利数量（申请件数或者授予件数）或者新产品销售收入，或者干脆将二者结合起来考虑。本文依据数据口径的统一性、可比性原则，同时考虑数据可得性，并结合广东省和韶关市工业企业研发活动实际情况，主要选择以下指标：

1. 研发投入指标

R&D 人员全时当量——反映投入从事拥有自主知识产权的研究开发活动的人力规模。

R&D 经费内部支出——反映投入 R&D 活动（基础研究、应用研究和试验发展）的实际支出。

仪器设备购置费——反映企业投入 R&D 活动的物质方面的内容。

2. 研发产出指标

新产品销售收入——属于研发活动的经济效益方面指标。新产品是指采用新技术原理、新设计构思研制、生产的全新产品，或在结构、材质、工艺等某一方面比原有产品有明显改进，从而显著提高了产品性能或扩大了使用功能的产品，既包括经政府有关部门认定并在有效期内的新产品，也包括企业自行研制开发，未经政府有关部门认定，从投产之日起一年之内的新产品。该指标主要反映的是创新产出的转化率，反映出成果的经济价值和一个地区的商业化水平。

专利申请数——反映了研发活动的直接科技成果，这是 R&D 创新的基础。此外还用注册商标数、形成国家或行业标准作为补充评价指标。

二、韶关市工业企业 R&D 投入产出现状

我们利用广东省及韶关市第四次经济普查资料及相关统计资料对韶关市工业企业 R&D 投入产出现状进行全面、系统的描述性分析。由于数据的可获得性，本文实证分析中的工业企业均指的是“规模以上工业企业”。

（一）韶关市工业企业研发投入现状分析

企业研发投入主要包括人力、财力和物力三个方面的资源投入，我们分别予以分析。

1. 研发人力投入现状

1）总量分析

从研发人员数量来看（图 1），2018 年韶关市工业企业 R&D 人员为 5821 人，占同期全省 R&D 人员（共 806431 人）的 0.72%，占含韶关市、

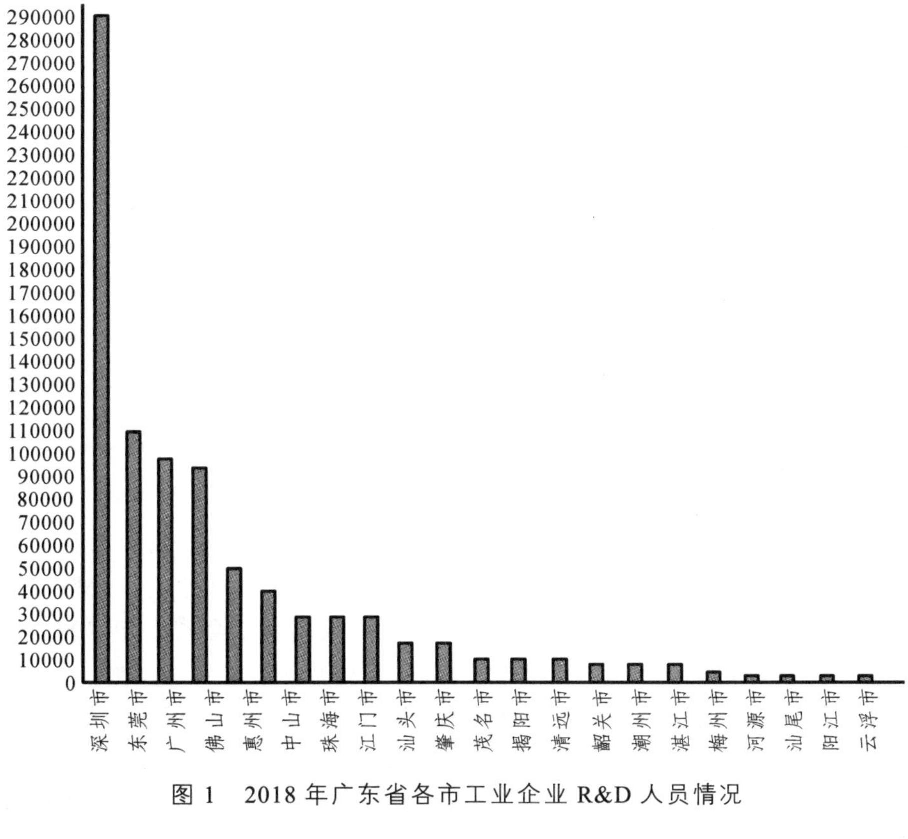

图 1　2018 年广东省各市工业企业 R&D 人员情况

清远市、河源市、云浮市、梅州市五市在内的北部生态发展区研发人员总数的 33.3%，居全省第 14 位，仅为深圳市的 2%、广州市的 6%。

从研发人员全时当量来看，2018 年全市规模以上工业企业 R&D 人员全时当量为 4112 人年，仅占全省工业企业 R&D 人员全时当量 621950 人年的 0.66%，居全省第 13 位。值得注意的是，2018 年韶关工业企业 R&D 人员全时当量与 R&D 人员比重为 70.6%，低于 2018 年全省 77.1% 的平均水平。

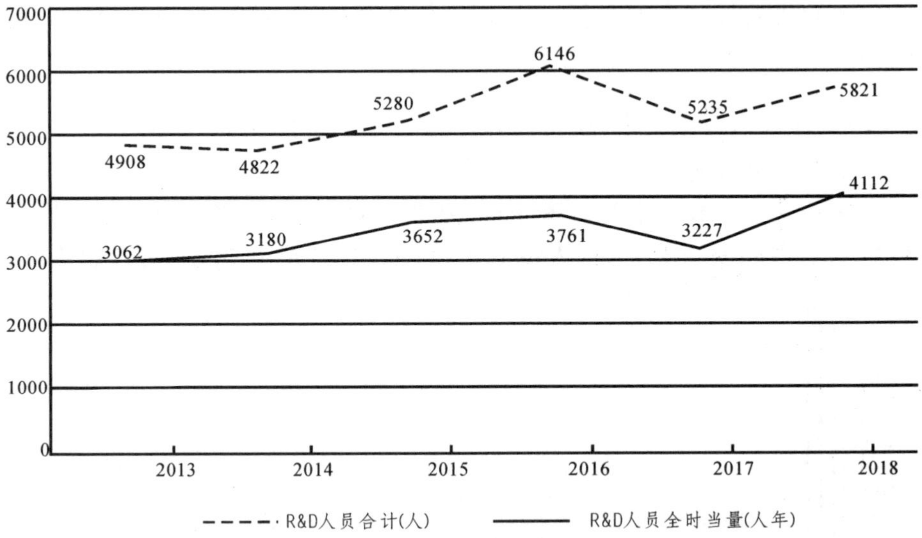

图 2　韶关市 2013—2018 年工业企业 R&D 人员情况

无论从 R&D 人员数量还是折算后的全时当量来看（图 2），韶关市 2013—2018 年工业企业研发投入的人力增长缓慢，虽然韶关市工业企业研发人员数量位居生态发展区前列，但与珠三角核心区存在巨大差距，而且真正从事 R&D 活动的人员数量偏低，利用率不高。

2）结构分析

由表 1 可知，2018 年韶关市工业企业按企业规模分，大型工业企业 R&D 人员所占比重 38.34%，低于省平均水平 12.3 个百分点，大型企业相对来说 R&D 人员不足；中型和小微型企业均略高于全省平均水平，中小微型企业相对来说开始对研发创新活动予以重视。

按行业大类分，韶关市制造业聚集了 98.56%的工业企业 R&D 人员，这与全省的特征非常一致。其中，韶关市黑色金属冶炼和压延加工业（占比为 18.12%）、电气机械和器材制造业（占比为 13.90%）、化学原料和化学制品制造业（占比为 9.96%）、有色金属冶炼和压延加工业（占比为7.78%）、通用设备制造业（占比为 7.46%）、金属制品业（占比为 6.51%）等六个行业的 R&D 人员约占全市工业企业 R&D 人员的 63.7%。这说明，韶关市工业企业 R&D 人员的企业分布与行业分布都极不均衡。值得注意的是，黑色金属冶炼和压延加工业、金属制品业研发人员利用率偏低，R&D 人员全时当量与 R&D 人员比重仅 50%左右（表 2），电气机械和器材制造业、有色金属冶炼和压延加工业研发人员利用率较高，R&D 人员全时当量与 R&D 人员比重接近 90%。

表 1　2018 年韶关市和全省工业企业研发人员结构分布情况比较

项　目		韶关市		广东省	
		总量(人)	比重	总量(人)	比重
按企业规模分	大型企业	2 232	38.34%	409 190	50.74%
	中型企业	1 824	31.33%	200 096	24.81%
	小微型企业	1 765	30.32%	197 145	24.45%
按国民经济行业大类分	采矿业	54	0.93%	1 181	0.15%
	制造业	5 737	98.56%	794 634	98.54%
	电力、热力、燃气及水生产和供应业	30	0.52%	10 616	1.32%

表 2　韶关市 2018 年主要行业 R&D 人员情况

主要行业	R&D 人员	R&D 人员全时当量	R&D 人员全时当量与 R&D 人员比重
黑色金属冶炼和压延加工业	1 055	522	49%
电气机械和器材制造业	809	719	89%
化学原料和化学制品制造业	580	456	78%
有色金属冶炼和压延加工业	453	403	89%
通用设备制造业	434	357	82%
金属制品业	379	194	51%

2. 研发经费投入现状

1）总量分析

2018 年，韶关市工业企业 R&D 经费内部支出合计为 1.47 亿元，仅占全省 R&D 经费 2107.2 亿元的 0.69%，居全省第 12 位，约为深圳市的

1.5%、广州市的 5.5%。很明显，韶关市工业企业 R&D 活动经费投入总量严重不足，与先进地区差距巨大，对企业 R&D 活动开展的资金支撑能力较弱。不过，相对于粤北生态发展区而言，韶关市工业企业对科技创新投入比较重视，韶关市 R&D 经费投入约占全部生态发展区（3.34 亿元）的 44%，位居第一。

2）结构分析

由表 3 可知，2018 年韶关市工业企业 R&D 经费内部支出按经费来源分，政府资金、企业资金、国外资金和其他资金所占比重分别为 3.63%、96.08%、0.26%、0.025%，与全省相比，政府资金占比相对较大，对政府的依赖程度相对较高。行业聚集明显，按行业大类分，韶关市制造业聚集了 99.39%的工业企业 R&D 活动经费。特别值得一提的是，黑色金属冶炼及压延加工业（占比 36.34%）、医药制造业（占比 9.51%）、有色金属冶炼和压延加工业（占比 8.45%）、化学原料和化学制品制造业（占比 7.45%）、电气机械和器材制造业（占比 6.57%）、计算机通信和其他电子设备制造业（占比 5.85%）、通用设备制造业（占比 5.21%）七个行业 R&D 经费集中了全部规上工业企业 R&D 经费总量的近 80%，其他行业 R&D 经费投入严重不足。

表 3　2018 年韶关市与广东省工业企业研发经费内部支出情况比较

项目		韶关市		广东省	
		总量（万元）	比重	总量（万元）	比重
按经费来源分	政府资金	5356	3.63%	604 588.4	2.87%
	企业资金	141 420	96.08%	20 370 442.8	96.67%
	国外资金	377.8	0.26%	44 734.9	0.21%
	其他资金	37.3	0.025%	52 265.3	1.25%
按国民经济行业分	采矿业	456.9	0.31%	23 131	0.11%
	制造业	146 294.3	99.39%	20 725 159.5	98.35%
	电力、热力、燃气及水生产和供应业	440.8	0.30%	323 740.5	1.32%

3. 研发物力投入现状

1）总量分析

2018 年韶关市工业企业仪器设备购置费为 1.206 9 亿元，占 R&D 经费内部支出的比重为 8.19%，低于全省 9.86%的平均水平；工业企业仪器设备购置费占全省的比重为 0.58%，居全省第 12 位，占生态发展区（6.742 0 亿元）的 18.5%，不足深圳的 1.45%、广州的 4.12%。这说明，韶关市工业企业对研发设备投入重视程度不够，不利于提高固定资产的先进性的积极作用。

2）结构分析

韶关市工业企业 R&D 经费内部支出中资产性支出 12 481.4 万元，由表 4 可知，韶关市大型工业企业资产性研发支出 2 461.5 万元，占全市 19.7%，远远低于全省平均水平（68.85%）49 个百分点；中型工业企业资产性研发支出 6 623.5 万元，占比 53.1%；小型工业企业资产性研发支出 3396.4 万元，占比 27.2%；中小型合计高达 803%，微型工业企业仪器设备购置费为 0。可见，韶关市的中小型企业投入财力相对比较多，成为研发主体，而大型企业并没有充分发挥研发创新龙头作用。

从行业大类看，韶关市规上工业企业 R&D 经费中仪器设备购置费的 99.6%集中在制造业，其中医药制造业（40.6%）、电气机械及器材制造业（20.0%）、废弃资源综合利用业（9.6%）、计算机通信和其他电子设备制造业（8.8%）、通用设备制造业（5.8%）占比 84.8%。这说明，韶关市工业企业研发设备投入企业、行业分布极不均衡，是制约全市行业间、区域间工业创新水平全面协调发展的重要因素。

表 4　2018 年广东省与韶关市工业企业仪器设备购置费结构

项目		韶关市		广东省	
		总量（万元）	比重	总量（万元）	比重
按企业规模分	大型企业	2 461.5	19.7%	1 430 673.7	68.85%
	中型企业	6 623.5	53.1%	343 789.3	16.54%
	小微型企业	3 396.4	27.2%	303 573.2	14.61%
按国民经济行业大类分	采矿业	5	0.04%	1 284.9	0.07%
	制造业	1 243.34	99.6%	197 5951.6	95.09%
	电力、热力、燃气及水生产和供应业	42.1	0.36%	100 799.7	4.84%

（二）韶关市工业企业研发产出现状分析

研发产出包括直接科技成果和经济效益两方面。其中，科技成果用企业自有知识产权相关指标反映，经济效益用新产品销售收入指标衡量。

1. 研发科技成果

1）总量分析

2018 年韶关市规模以上工业企业专利申请受理数为 803 件，拥有注册商标 197 件，形成国家或行业标准 14 项。

2）结构分析

从企业规模看，由表 5 可知，韶关市大型企业形成国家或行业标准占优势，共 8 项，超过总量 1/2。但专利申请数、拥有注册商标数明显不足，专利申请数仅为 216 件，占比 26.9%；拥有注册商标数仅 19 件，占比仅为 9.6%。中型企业表现更为糟糕，专利申请数、拥有注册商标数、形成国家或行业标准占比分别仅为 17.8%、18.7%、7.1%；小微型企业表现最为突出，专利申请数和拥有注册商标数占比分别高达 55.3%、71.5%，形成国家或行业标准也超过总量 1/3。从行业大类来看，制造业创新成果优势明显，专利申请数、拥有注册商标数、形成国家或行业标准占比分别为 97.8%、100%、100%。这说明，韶关市研发的科技成果主要集中在小微型制造业企业。但也应注意，小型工业企业专利和注册商标拥有数量虽多，但转化能力有待提高。

表 5　2018 年韶关市自主知识产权情况

项目		专利申请数	比重	拥有注册商标数	比重	形成国家或行业标准数	比重
按企业规模分	大型企业	216	26.90%	19	9.64%	8	57.14%
	中型企业	143	17.81%	37	18.78%	1	7.14%
	小微型企业	444	55.29%	141	71.57%	5	35.72
按国民经济行业大类分	采矿业	13	1.62%	0	0	0	0
	制造业	785	97.76%	197	100%	14	100%
	电力、热力、燃气及水生产和供应业	5	0.62%	0	0	0	0

2. 研发经济效益

1）总量分析

从新产品销售收入来看（表 6），2018 年韶关市规上工业企业新产品销售收入 199.87 亿元，仅占广东省工业企业新产品销售收入 39376.06 亿元的 0.5%，居全省第 16 位，约为广州市的 4%、深圳的 1.67%，甚至不及同属粤北生态发展区的清远市（约 320.00 亿元）的 70%。

表 6　2018 年广东省新产品情况

2018 年	新产品开发项目个数	新产品开发经费（万元）	新产品产值（万元）	新产品销售（万元）	其中：出口（万元）
全省	121 523	33 366 963	394 588 494	393 760 563	102 891 377
广州市	16 649	4 110 171.5	48 406 950	48 522 236	6 386 057.3
韶关市	761	204 389.2	1 793 594.5	1 998 713.6	260 839.2
深圳市	35 968	15 399 808	128 420 224	120 512 172	47 210 109
珠海市	4 926	1 351 576	15 205 007	14 180 174	4 592 019.6
汕头市	2 812	290 225.9	3 734 786.6	3 806 236.3	729 437.3
佛山市	14 559	3 514 203.9	40 981 933	40 405 005	8 663 560
江门市	6 822	894 025	11 258 513	11 084 397	2 924 791
湛江市	807	286 454.8	3 679 064.2	3 462 842.9	719 498.8
茂名市	640	115 236.2	1 142 394.6	1 112 661.3	74 831
肇庆市	2 141	305 362.4	4 697 974.2	4 588 246.6	394 395.9
惠州市	5 100	111 9037	30 014 544	28 542 639	10 815 974
梅州市	483	68 314.9	896 461.1	783 956.6	140 908.5
汕尾市	190	79 069.8	2862 926.3	2 833 501.8	537 535.5
河源市	535	65 035.7	1329 836	1 337 918	191 331.9
阳江市	235	84 328.1	1 083 801.1	1 086 006.5	38 617.9
清远市	1 274	240 594.1	3 198 307.3	3 200 012.7	463 702.4
东莞市	18 058	3 967 661.5	79 580 277	90 096 776	14 417 471
中山市	7 545	869 495.8	11 326 795	11 307 042	3 632 153.9
潮州市	662	79 362.7	1 347 131.9	1 338 905.6	335 831.3
揭阳市	1 077	285 931.8	3 125 840.6	3 059 143	215 526.8
云浮市	279	36 678.4	502 132.2	501 978.1	146 785.5
珠三角	111 768	31 531 341	369 892 217	369 238 687	99 036 531
沿海经济带	6 423	1 220 609.3	16 975 945	16 699 297	2 651 278.6
生态发展区	3 332	615 012.3	7 720 331.1	7 822 579	1 203 567.5

2）结构分析

由表 7 可看出，从企业规模看，韶关市新产品销售收入相对比较均衡，大型企业占比 40.63%，低于全省平均水平 26.11 个百分点；中型工业企业新产品销售收入比重为 31.04%，明显高于全省 18.05 的水平；小微型工业企业新产品销售收入比重为 28.33%，明显高于全省 14.76%的水平。就创新经济效益而言，韶关市中小微型企业成为创新的主体。这说明，韶关市制造业行业创新成效差距大，中小微型企业发展潜力和竞争力接近于大型工业企业。

按行业大类分，韶关市工业新产品销售收入 100%都集中在制造业。其中，有色金属冶炼和压延加工业（24.6%）、计算机通信和其他电子设备制造业（14.7%）、金属制品业（12.7%）、通用设备制造业（7.1%）、黑色金属冶炼和压延加工业（6.9%）、化学原料和化学制品制造业（6.4%）、非金属矿物制品业（6.1%）、纺织业（5.5%）8 个行业新产品销售收入占比 84%。

表 7　2018 年韶关市新产品销售收入结构分布

项目		韶关市		广东省	
		总量（万元）	比重	总量（万元）	比重
按企业规模分	大型企业	812 071.6	40.63%	262 800 926.1	66.74%
	中型企业	620 408.0	31.04%	72 838 813.3	18.50%
	小微型企业	566 234.0	28.33%	58 120 823.5	14.76%
合计		1 998 713.6	100%	393 760 562.9	100%
按国民经济行业大类分	采矿业	0	0	381 547.8	0.097%
	制造业	1 998 713.6	100%	389 229 358.7	98.85%
	电力、热力、燃气及水生产和供应业	0	0	1 883 964.3	0.48%

（三）韶关市工业企业研发投入产出存在的主要问题

近年来，随着工业企业对研发活动认识的不断提高，韶关市规模以上工业企业研发活动投入规模不断扩大，产出成果数量不断增加。2018 年韶关市规上工业企业 R&D 人员、工业企业 R&D 经费总支出额比 2013 年增长了 31%；从产出效果来看，2018 年韶关市工业企业 R&D 活动专利申请数、工业企业新产品销售收入分别比 2013 年增长了 193%、11.8%。但与全省先进市相比仍存在较大差距，与经济快速发展的需求也不相适应。具体问题主要如下。

1. 研发机构建设不足

2018 年，韶关市 434 家规模以上工业企业，有研发机构单位 55 个，研发单位数量占工业企业数比值为 12.67%，与珠三角核心区有较大的差距，不足全省平均水平的一半。全市有 R&D 活动的工业企业仅 120 个，占比仅为 27.65%，研发机构高学历人才不多，仪器和设备严重不足，创新活动开展普遍性差。从工业企业办研发机构情况（表 8）来看，韶关仅有 65 个研发机构，占全省 0.3%；机构人员 2682 人，占全省 0.29%；博士 19 人，仅占全省 0.2%；仪器和设备约 16.1 亿元，占全省 1.04%。

表 8　广东省分地市规模以上工业企业办研发机构情况

地　区	机构数（个）	机构人员（人）	博士毕业（人）	硕士毕业（人）	机构经费支出（万元）	仪器和设备原价（万元）
全省	21 740	926 809	9 269	108 630	31 945 254.9	15 427 757.8
韶关市	65	2 628	19	119	61 037.3	160 968.2
广州市	2 595	99 492	974	7 262	3 597 359.3	2 139 428.1
深圳市	5 064	364 827	5 301	81 371	16 498 620.1	4 624 721.4
珠海市	661	35 098	246	3 411	984 078.3	722 981.3
汕头市	415	11 318	66	268	220 862.6	394 871.4
佛山市	3 643	101 309	920	5 404	2 471 586.8	1 645 614.9
江门市	1 333	32 869	165	839	890 082.4	918 457.6
湛江市	82	2 464	18	157	203 769.9	41 749.5
茂名市	224	3 679	45	115	103 098.8	65 799.0
肇庆市	493	11 376	127	276	316 745.8	213 585.1
惠州市	789	39 807	177	1 129	842 957.8	585 457.2
梅州市	34	925	11	25	18 063.2	23 071.2
汕尾市	15	2 129	3	107	75 468.6	32 929.2
河源市	75	2 900	65	121	43 625.2	29 341.2
阳江市	17	983	1	25	98 812.2	7 766.1
清远市	96	4 940	29	162	131 190.5	90 837.8
东莞市	4 203	156 854	801	6 169	4 269 519.4	2 716 341.9
中山市	1 110	37 821	151	990	707 815.4	681 553.8
潮州市	264	5 422	55	403	95 323.7	43 418.1
揭阳市	481	7 705	86	237	275 656.2	257 649.0
云浮市	81	2 263	9	40	39 581.4	31 215.8

2. 研发人员投入不足

在竞争日益激烈的今天，企业生存和发展的关键是要拥有高素质的科技人才。2018 年韶关市工业企业 R&D 人员仅占全省 R&D 人员的 0.72%，全市 R&D 人员全时当量仅为全省工业企业 R&D 人员全时当量的 0.66%，工业企业 R&D 人员全时当量与 R&D 人员比重为 70.6%，低于 2018 年全省水平 6.5 个百分点。研发人员投入总量不足，时间利用不充分，制约了科技成果质量的提高。

3. 研发经费投入不足

工业企业 R&D 活动资金支撑能力较弱，不利于企业 R&D 活动的规模化开展。2018 年韶关市规模以上工业企业 R&D 活动经费总支出低于全省平均水平 112.2 亿元。韶关市地方政府支持企业创新力度小，2018 年地方财政科技拨款占地方财政总支出比重为 1.34%，低于全省平均水平（6.58%）的 5.24 个百分点。R&D 经费占 GDP 比重仅 1.2%，低于全省平均水平（2.78%）1.58 个百分点。研发经费投入总量不足，政府支持力度小，制约了企业研发手段的改进。

表 9　2018 年广东各市主要科技投入指标

地区	地方财政科技拨款（亿元）	占地方财政总支出比重（%）	R&D 经费（亿元）	R&D/GDP（%）
全省	1 034.71	6.58	2 704.70	2.78
广州	163.67	6.53	600.17	2.63
深圳	554.98	12.96	1 161.93	4.80
珠海	45.52	7.95	92.15	3.16
汕头	3.98	1.22	3.25	0.93
佛山	54.68	6.78	254.77	2.56
韶关	4.54	1.34	16.06	1.20
河源	7.38	2.23	3.08	0.31
梅州	8.24	1.85	3.24	0.29
惠州	22.17	4.07	94.19	2.30
汕尾	5.96	2.37	6.92	0.75
东莞	39.34	5.14	236.32	2.85
中山	41.05	9.37	61.12	1.68
江门	13.28	3.51	62.63	2.16

续表

地区	地方财政科技拨款（亿元）	占地方财政总支出比重（%）	R&D 经费（亿元）	R&D/GDP（%）
阳江	2.77	1.22	3.86	0.29
湛江	2.99	0.62	12.15	0.40
茂名	3.37	0.80	12.50	0.40
肇庆	6.99	2.21	22.72	1.03
清远	5.74	1.68	10.56	0.67
潮州	1.34	0.72	6.87	0.64
揭阳	3.80	1.21	17.36	0.81
云浮	3.11	1.44	2.83	0.33

4. 基础研究、应用研究比重过低

2018 年韶关市规模以上工业企业 R&D 经费内部支出中，基础研究支出为 0，应用研究支出仅占 3.8%，而试验发展支出比重高达 96.2%，表现为：试验发展 > 应用研究 > 基础研究。基础研究和应用研究经费份额偏低，将直接导致企业科技成果产出不足，发展乏力。

5. 研发产出数量偏少

工业企业高水平的发明专利数量较少，新产品销售收入较低，R&D 产出经济效益有待提高。2018 年，韶关市工业企业有效发明专利数居省第 17 位，新产品销售收入居广东省第 16 位，与发达地市均存在很大差距。

6. 研发投入分布不均衡

2018 年韶关市内资企业 R&D 经费内部支出占工业企业 R&D 经费总支出的 86.6%。从行业看，黑色金属冶炼及压延加工业、医药制造业、有色金属冶炼和压延加工业、化学原料和化学制品制造业、电气机械和器材制造业、计算机通信和其他电子设备制造业、通用设备制造业 7 个行业 R&D 经费内部支出约占工业企业 R&D 经费总支出的 79.4%。从区域看，曲江区（41.4%）、乳源瑶族自治县（20.8%）两县合计占比 62.2%，浈江区（10.7%）、始兴县（8.1%）两县合计占比 18.8%，其他 6 县（市、区）合计占比仅有 19%。研发投入在企业、行业、区域分布不均衡，不利于全市工业企业创新水平的协调发展。

三、韶关工业企业 R&D 绩效测评

本文采用 DEA 方法对 2018 年韶关市工业企业研发投入产出绩效进行分析，并进一步利用 DEA-Malmquist 指数分析 2017—2018 年创新效率，对韶关市工业企业研发投入产出绩效进行比较全面的评价，找到提高绩效的改进方向，提升创新能力。

（一）韶关市工业企业分行业研发绩效

1. 样本、指标和数据

考虑到工业企业研发投入与产出之间存在一定的时间延迟，本研究将研发活动的时滞选择为 1 年，即衡量 R&D 投入的指标选用 2017 年数据，产出指标选用 2018 年数据。

由于韶关市规上工业企业研发活动集中在制造业，2018 年，韶关市制造业 29 个细分行业中，酒饮料和精制茶制造业、烟草制品业、纺织服装服饰业、皮革毛皮羽毛及其制品和制鞋业、家具制造业、石油煤炭及其他燃料加工业、汽车制造业、金属制品机械和设备修理业以及其他制造业 10 个行业没有 R&D 经费和人力投入，无专利申请、注册商标、国家或行业标准、新产品销售等研发产出，所以我们重点分析以上 10 个行业之外的其他 19 个制造业行业的规模以上企业。结合韶关市第四次全国经济普查公报的数据，选择的具体指标如表 10，数据来源于《韶关市统计年鉴》和第四次全国经济普查相关统计资料。

表 10　指标说明

一级指标	二级指标
投入 X	研发人员全时当量 X_1（人）
	研发经费 X_2（万元）
	仪器设备购置费 X3（万元）
产出 Y	专利申请数 Y_1（件）
	新产品销售收入 Y_2（万元）

2. 研发绩效 DEA 测度结果

利用 DEA 模型，将数据代入 DEAP2.1 中进行运算，使用 DEA 进行测算分析（MULTI-STAGE 方法），得到 2018 年韶关市规上工业企业分行

业研发投入产出绩效测度结果，各行业 R&D 投入综合效率值、技术效率值、规模效率值和规模报酬情况见表 11，各细分行业研发投入冗余与产出不足情况见表 12。

总体来看，19 个行业综合效率平均值为 0.523，总体效率不高，各细分行业研发投入产出绩效差异大，技术效率平均值为 0.603，规模效率平均值为 0.833。

表 11　韶关市 2018 年制造业主要细分行业研发投入产出绩效测算结果

细分行业	综合效率		技术效率		规模效率		规模收益
	数值	位次	数值	位次	数值	位次	
农副食品加工业	1.000	1	1.000	1	1.000	1	不变
食品制造业	0.225	16	0.288	15	0.782	15	递增
纺织业	1.000	1	1.000	1	1.000	1	不变
木材加工和木竹藤棕草制品业	0.244	14	0.269	16	0.906	7	递增
造纸和纸制品业	0.319	11	0.352	13	0.905	8	递减
印刷和记录媒介复制业	1.000	1	1.000	1	1.000	1	不变
文教工美体育和娱乐用品制造业	0.243	15	0.291	14	0.833	10	递增
化学原料和化学制品制造业	0.828	7	1.000	1	0.828	11	递减
医药制造业	0.073	19	0.121	19	0.598	18	递增
橡胶和塑料制品业	0.529	8	0.823	8	0.642	16	递增
非金属矿物制品业	0.357	10	0.438	11	0.816	12	递减
黑色金属冶炼和压延加工业	0.255	13	0.576	9	0.442	19	递减
有色金属冶炼和压延加工业	0.875	6	1.000	1	0.875	9	递减
金属制品业	1.000	1	1.000	1	1.000	1	不变
通用设备制造业	0.280	12	0.438	11	0.641	17	递减
专用设备制造业	0.188	17	0.205	17	0.919	6	递增
电气机械和器材制造业	0.143	18	0.175	18	0.816	12	递减
计算机通信和其他电子设备制造业	1.000	1	1.000	1	1.000	1	不变
废弃资源综合利用业	0.388	9	0.476	10	0.816	12	递减
平均	0.523	–	0.603	–	0.833	–	–

表12　韶关市2018年制造业主要细分行业研发投入冗余与产出不足测算结果

细分行业	产出不足		投入冗余		
	专利申请件数	新产品销售收入	研发人员全时当量	研发经费	仪器设备购置费
农副食品加工业	0.000	0.000	0.000	0.000	0
食品制造业	0.815 (6.89%*)	0.000	0.000	286.826 (17.86%)	66.174 (63.88%)
纺织业	0.000	0.000	0.000	0.000	0.000
木材加工和木竹藤棕草制品业	2.895 (17.14%)	0.000	0.000	0.000	0.000
造纸和纸制品业	12.218 (35.7%)	0.000	3.585 (6.7%)	0.000	31 911.197 (34.7%)
印刷和记录媒介复制业	0.000	0.000	0.000	0.000	0.000
文教工美体育和娱乐用品制造业	0.000	8 951.720 (50.4%)	0.000	367.088 (27.27%)	182.941 (86.01%)
化学原料和化学制品制造业	0.000	0.000	0.000	0.000	0.000
医药制造业	13.309 (72.7%)	0.000	0.000	1 513.246 (10.8%)	2 239.646 (11%)
橡胶和塑料制品业	7.951 (44.3%)	0.000	0.000	193.728 (41.9%)	42.404 (20.02%)
非金属矿物制品业	0.000	0.000	0.000	0.000	1 004.716 (43.96%)
黑色金属冶炼和压延加工业	0.000	0.000	0.000	22 950.364 (42.9%)	3 750.469 (34.2%)
有色金属冶炼和压延加工业	0.000	0.000	0.000	0.000	0.000
金属制品业	0.000	0.000	0.000	0.000	0.000
通用设备制造业	0.000	0.000	0.000	0.000	1 905.450 (29%)
专用设备制造业	3.587 (18%)	0.000	0.614 (1.62%)	0.000	0.000
电气机械和器材制造业	0.000	0.000	35.504 (39.2%)	0.000	0.000
计算机通信和其他电子设备制造业	0.000	0.000	0.000	0.000	0.000
废弃资源综合利用业	0.000	7 712.605 (58%)	0.000	854.122 (24.7%)	0.000

注：*括号内为所占百分比，下同。

3. 研发综合效率分析

进一步按照技术效率和规模效率进行划分，以效率值 0.8 作为划分高低的标准，得到 4 种类型的创新模式（图 3）。

	规模效率低	规模效率高
技术效率高	· 橡胶和塑料制品业 （共 1 个）	· 计算机通信和其他电子设备制造业 · 有色金属冶炼和压延加工业 · 化学原料和化学制品制造业 · 农副食品加工业 · 纺织业 · 印刷和记录媒介复制业 · 金属制品业 （共 7 个）
技术效率低	· 黑色金属冶炼和压延加工业 · 医药制造业 · 通用设备制造业 · 食品制造业 （共 4 个）	· 电气机械和器材制造业 · 木材加工和木竹藤棕草制品业 · 造纸和纸制品业 · 文教工美体育和娱乐用品制造业 · 非金属矿物制品业 · 专用设备制造业 · 废弃资源综合利用业 （共 7 个）

图 3　四种效率类型

（1）双高型。共 7 个行业，其中 DEA 有效行业共 5 个，占行业总数的 26.3%，包括农副食品加工业、纺织业、印刷和记录媒介复制业、金属制品业、计算机通信和其他电子设备制造业。这 5 个行业都达到了技术有效和规模有效，处于规模报酬不变的最佳状态。对于这些行业，可以通过分别或同时增加 R&D 人员、经费、仪器设备的投入，继续提高研发综合效率。另外，有色金属冶炼和压延加工业、化学原料和化学制品制造业 2 个行业达到了技术有效，但规模效率值都小于 1，且都处于规模报酬递减状态，可以适当减少投入规模提高规模效率，从而提高这些行业的研发综合效率。

（2）高低型。这类行业的创新效率受规模效率的影响更大一些。韶关市橡胶和塑料制品业属于这一类型，且该行业属于规模报酬递增状态。

显然，继续增加研发投入，有利于提高行业研发绩效。

（3）低高型。这类行业的创新效率受纯技术效率的影响更大一些，主要包括电气机械和器材制造业、木材加工和木竹藤棕草制品业、造纸和纸制品业、文教工美体育和娱乐用品制造业、非金属矿物制品业、专用设备制造业、废弃资源综合利用业 7 个行业，占行业总数的 36.8%。提高这些行业创新研发绩效，需要不断总结行业研发高效率的成功经验与不足，获取新知识、新技能与新方法。

（4）双低型。这类行业受纯技术效率、规模效率的双重影响，包括黑色金属冶炼和压延加工业、医药制造业、通用设备制造业、食品制造业 4 个行业。若提高这些行业的综合效率，既需要提高其技术效率，也需要提高其规模效率。

4. 重点行业研发绩效分析

我们需要重点考察黑色金属冶炼及压延加工业、医药制造业、有色金属冶炼和压延加工业、化学原料和化学制品制造业、电气机械和器材制造业、计算机通信和其他电子设备制造业、通用设备制造业 7 个行业。这 7 个行业的 R&D 经费集中了韶关市全部规模以上工业企业 R&D 经费的 79.4%。分析这些行业研发创新效率的现状，有利于我们更深刻地理解韶关市工业企业的创新绩效。

（1）计算机通信和其他电子设备制造业，达到了技术有效和规模有效，处于规模报酬不变的最佳状态。不存在投入冗余和产出不足，如果要继续增加研发产出效率，应该继续追加其 R&D 人员、经费和仪器设备的投入。

（2）有色金属冶炼和压延加工业。综合效率值 0.8756，排在第 6 位；技术效率值 1.0，排名第 1 位；规模效率值 0.875，排名第 9 位。处于规模报酬递减阶段，且不存在投入冗余与产出不足的情况。提高研发绩效的途径主要在于提高规模效率水平，加强管理，并适当降低研发投入。

（3）化学原料和化学制品制造业。综合效率值 0.828，排在第 7 位；技术效率值 1.0，排名第 1 位；规模效率值 0.828，排名第 11 位。同有色金属冶炼和压延加工业类似，处于规模报酬递减阶段，且不存在研发投入冗余与研发产出不足的情况。提高研发绩效的途径主要在于提高规模效率水平，加强管理，并可以适当降低研发投入。

（4）电气机械和器材制造业。综合效率值 0.143，排在第 18 位；技术效率值 0.175，排名第 18 位；规模效率值 0.816，排名第 12 位；处于规模报酬递减阶段，投入冗余主要是在研发人员全时当量，冗余率高达 39.2%。提高行业创新研发绩效，一方面需要不断总结行业研发高效率的成功经验与不足，获取新知识、新技能与新方法；另一方面需要提高规模效率水平，加强管理，并适当降低研发投入。

（5）黑色金属冶炼及压延加工业。综合效率值 0.255，排在第 13 位，投入产出效率低。其中，技术效率值 0.576，排在 9 位；规模效率值 0.442，排名最后的第 19 位，处于规模报酬递减阶段。可见，技术效率和规模效率都未达到相对有效。该行业研发活动综合效率之所以不高，既有企业研发资源管理水平低、技术先进性差的因素，也有投入规模增长与产出增长不相适应的因素。结合研发投入产出冗余与不足情况（表 12），可以发现 R&D 经费和仪器设备投入指标都有严重冗余，冗余率分别达到 42.9%和 34.2%。很明显，韶关市黑色金属冶炼及压延加工业行业企业固定资产利用率不高、浪费严重，研发经费利用也不充分。

（6）医药制造业。综合效率值 0.073，排名最后第 19 位，投入产出效率极低。其中，技术效率值 0.121，排在 19 位；规模效率值 0.598，排名第 18 位。技术效率和规模效率都极低，R&D 经费和仪器设备投入指标都有严重冗余，冗余率分别达到 42.9%和 34.2%。该行业研发活动综合效率低，既有企业研发资源管理水平低、技术先进性差的因素，也有投入规模增长与产出增长不相适应的因素。值得注意的是，该行业处于规模报酬递增状态，增加投入有利于促进创新绩效的提高。

（7）通用设备制造业。综合效率值 28，排在第 12 位，投入产出效率不高。其中，技术效率值为 0.438，排在 11 位；规模效率值 0.641，排名第 17 位，技术效率和规模效率低。提高研发水平，减少投入同样是提高行业内企业研发投入产出综合效率的途径。

（二）韶关市工业企业分行业研发效率变化

通过 DEAP 2.1 软件对 2017—2018 年韶关市规模以上工业企业分行业研发创新面板数据进行分析，运用 Malmquist 指数方法测度全要素生产效率及其分解效率，全面地评价研发创新效率变化。

1. 样本、指标和数据

同上面 DEA 分析方法一样，输出指标选择专利申请数和新产品销售收入，输入指标为研发人员全时当量、R&D经费和仪器设备购置费。同样我们重点分析制造业19个细分行业的研发投入产出绩效，将研发活动的时滞选择为1年，即衡量R&D投入的指标选用2016年和2017年数据，产出指标选用2017年和2018年数据。数据来源于《韶关市统计年鉴》和第四次全国经济普查相关统计资料。

2. Malmquist指数测算结果

利用DEA模型，将数据代入DEAP2.1中进行运算，使用DEA-Malmquist方法进行分析，得到Malmquist指数测算结果及分解指数（见表13）。

从整体来看，整体全要素生产率指数为0.939，说明工业企业研发创新全要素生产效率整体相比2017年有所下降。计算机通信和其他电子设备制造业、黑色金属冶炼和压延加工业、橡胶和塑料制品业、印刷和记录媒介复制业、化学原料和化学制品制造业、非金属矿物制品业、专用设备制造业、通用设备制造业、纺织业、金属制品业、有色金属冶炼和压延加工业共10个行业的全要素生产率指数大于1，表明2017年到2018年的效率水平在提升。反之，农副食品加工业、医药制造业、造纸和纸制品业、食品制造业、电气机械和器材制造业、木材加工和木竹藤棕草制品业、废弃资源综合利用业、文教工美体育和娱乐用品制造业共9个行业研发创新全要素生产效率水平在下降。而各行业纯技术效率指数、规模效率指数以及技术进步变化指数各项分解指数具有不同特点，说明各行业研发水平良莠不齐。

表13 Malmquist指数测算结果

行业	技术效率指数effch	技术进步指数techch	纯技术效率指数pech	规模效率指数sech	全要素生产率指数tfpch
农副食品加工业	1.000	0.957	1.000	1.000	0.957
食品制造业	0.711	0.759	0.302	2.357	0.540
纺织业	1.000	1.098	1.000	1.000	1.098
木材加工和木竹藤棕草制品业	0.273	0.905	0.273	1.000	0.247
造纸和纸制品业	0.521	1.080	0.352	1.479	0.563
文教工美体育和娱乐用品制造业	0.243	0.167	0.291	0.833	0.041

续表

行业	技术效率指数 effch	技术进步指数 techch	纯技术效率指数 pech	规模效率指数 sech	全要素生产率指数 tfpch
化学原料和化学制品制造业	4.598	0.367	1.000	4.598	1.686
医药制造业	0.759	0.827	1.228	0.618	0.628
橡胶和塑料制品业	1.892	0.992	2.153	0.879	1.877
非金属矿物制品业	1.347	0.993	1.471	0.915	1.338
黑色金属冶炼和压延加工业	3.967	0.493	1.475	2.689	1.956
有色金属冶炼和压延加工业	0.957	1.058	1.000	0.957	1.012
金属制品业	1.000	1.086	1.000	1.000	1.086
通用设备制造业	1.125	1.053	0.533	2.110	1.185
专用设备制造业	1.772	0.698	1.553	1.141	1.237
电气机械和器材制造业	0.380	0.666	0.175	2.167	0.253
计算机通信和其他电子设备制造业	2.675	1.000	1.523	1.757	2.675
废弃资源综合利用业	0.394	0.476	0.476	0.829	0.188
平 均	1.254	0.749	0.922	1.360	0.939

3. 重点行业研发全要素生产率分析

（1）计算机通信和其他电子设备制造业。2018 年研发创新全要素生产效率增长 167.5%，全部来自于综合技术效率的提高，进一步分析综合技术效率的两个组成部分——纯技术效率和规模效率后发现，纯技术效率增长 52.3%，规模效率增长 75.7%，结合之前的静态分析，该行业继续加大研发投入规模将促进研发绩效进一步增长。

（2）有色金属冶炼和压延加工业。2018 年研发创新全要素生产效率增长 95.6%，全部来自于综合技术效率的提高，进一步分析综合技术效率的两个组成部分——纯技术效率和规模效率后发现，纯技术效率增长 47.5%，规模效率增长 168.9%，进一步结合原始数据分析，发现该行业在 2018 年减少了 R&D 经费支出，提高了综合技术效率，这与之前的静态分析结果是一致的。该行业今后改进的重点是提升研发水平，合理投入研发经费，促进研发绩效进一步增长。

（3）化学原料和化学制品制造业。2018 年研发创新全要素生产效率增长 68.6%，全部来自于综合技术效率的提高，纯技术效率降低至 36.7%，科研管理水平低下明显制约了研发绩效的提升，规模效率增长 359.8%，进一步结合原始数据分析，发现该行业在 2018 年减少了 R&D 经费支出，提高了规模效率，这与之前的静态分析结果一致。

（4）电气机械和器材制造业。2018 年研发创新全要素生产效率仅为 2017 年水平的 25.3%，除规模效率增长 116.7%之外，其他指数均大幅下降，规模效率增长得益于 2018 年 R&D 经费缩减，但研发能力和科研管理水平均有待提升，这同样与之前的静态分析结果一致。

（5）黑色金属冶炼及压延加工业。2018 年研发创新全要素生产效率增长 95.6%，全部来自于综合技术效率的提高，纯技术效率增长 47.5%，科研管理水平明显提升，规模效率增长 168.9%，得益于该行业在 2018 年减少了 R&D 人员，提高了规模效率，技术进步指数为 0.49，同样反映了行业技术先进性差的特征。

（6）医药制造业。2018 年研发创新全要素生产效率仅为 2017 年水平的 62.8%，纯技术效率增长 22.8%，科研管理水平均有所提升，但其他指数均明显下降。技术先进性仍然不明显，今后有待增加投入，以投入规模增长促进创新产出增长。

（7）通用设备制造业。2018 年全要素生产效率增长 18.5%，技术水平增长 5.3%，规模效率增长 111%，纯技术效率下降为 53.3%，综合技术效率增长了 12.5%。显然，科研综合管理水平是制约行业创新效率提高的最大瓶颈。

（三）提升 R&D 绩效的主要影响因素

以上关于韶关市工业企业分行业研发绩效及其效率变化的实证研究的结果表明，各行业表现出的不同效率水平反映了不同行业资源配置与综合管理水平的差异，说明创新活动并非单纯通过高投入就可得到高产出，更重要的是对投入资本的综合协调利用及企业对自主创新的重视程度。可见，影响研发绩效提升的因素主要包括以下三个方面。

1. 研发资源利用率

从各行业投入冗余可看出，导致 R&D 绩效低下的原因并非仅仅是研发资源投入不足的问题，很大程度上还有投入研发资源没能得到合理有效配置的原因。所以现阶段韶关市工业企业不能再一味地单纯依靠加大投入来获得创新产出的提高，要积极提高科技管理水平，改善资源的优化配置，促进 R&D 绩效的提升。

第一，提高产业研发人才技术水平，人力资本更是促进其研发绩效提升的中坚力量，注重人才培养、有效利用人才、不断提升研发人员技术水平是推动创新发展的重要任务。

第二，完善研发经费的监管制度。提高科研资金使用效率是推进科技创新的另一个关键任务，对研发经费进行有效的监管是提高经费利用率的重要手段。可从下几点入手：提高监管质量和水平，利用多元化监督手段，对经费进行全程的、系统的监督与审查，制定完善的监管行为准则和操作规范并确立合理详细的考核指标使监管部门有据可依，依据监管。扩宽信息反馈渠道，听取多方建议；制定赏罚明确的激励制度，对经费浪费严重的行业给予一定力度的惩罚，抑制浪费现象的蔓延。对经费得到有效利用的行业给予相关奖励，激励企业有效利用经费的积极性；开展公众监督平台、形成良好的监管机制。社会公众监督的基础是信息平台的设立，建立科研资金监管信息化平台，能够促进科研资金使用情况的科学性和透明性。

第三，提高设备利用率。新技术和新产品的问世离不开先进设备的持续投入，提高设备利用率、避免资源浪费显得尤为必要。工业企业可成立设备管理中心统筹管理闲置设备，开展设备调剂利用，提高周转效率；建立设备全生命周期信息管理系统，实现全过程监控；在提高现有设备利用率的基础上，加大工业企业设备购置投入，充分利用增值税转型改革后国家财政用于支持企业购买新设备进行产品升级的有利契机，鼓励企业设备更新和技术升级，推动工业企业成为市场长期投资主体，有利于工业企业加强研发能力，提高产品质量，推进产业结构调整。

2. 投入资本的综合协调利用

对 Malmquist 生产率指数的综合分析表明，2017—2018 年推动韶关市制造业研发绩效提高的主要因素是技术进步。各行业表现出的不同效率水平反映了不同行业资源配置与综合管理水平的差异，这就对 R&D 投入资本的综合协调利用提出了很高的要求。企业作为创新微观主体，必须高度重视企业科研管理和科技资源配置工作。

第一，科学制定企业 R&D 发展战略。科技资源是新时期企业发展中的重要战略资源，企业 R&D 投入力度和使用效率都关系着技术创新是否能顺利实现，而人才的能力水平直接关系着科技创新的成效。企业要认清自身技术实力与所在行业的发展趋势，根据市场的反馈制定出适合市场发展需求的长期研发发展战略，结合自身的实际情况和发展战略，为技术创新提供有利条件，促进科技管理与经济发展相匹配，促使科技成果转化为企业经济效益，进而促进企业技术创新绩效的提升，避免资源高损耗产出低的情况。

第二，建立健全企业科研管理机制。为了有效提高技术创新绩效，企业需要做好科研人员的激励。内部管理制度方面，重视引进、培育高水平技术人员，制定科学高效的经费使用办法与评价体系，动态追踪各类资本的投入量，合理把握企业 R&D 的最佳规模收益；加强员工对新知识、新科技的了解，鼓励全员都参与到科技管理之中，发挥集体力量开展科技管理，通过自主研发、同行合作、行业间合作等途径全面推进技术创新。

第三，合理配置 R&D 科技资源。对资金和人才等科技资源进行合理的配置，通过合理进行科研项目立项，不断加强应用技术的研发，逐渐形成产业化。各类资本的内部结构也需优化，提高专利尤其是发明专利、非专利技术等的比重，降低各种技术使用权、外购技术软件的比重，通过培训等方式提高人力资本的技术水平，及时淘汰落后机器、办公用品等，促进实物资本的升级换代。

3. 行业具体创新模式

企业要结合所处行业具体创新模式进行具体分析，选择提升 R&D 绩效的路径。

“双高”模式下的计算机通信和其他电子设备制造业、有色金属冶炼和压延加工业、化学原料和化学制品制造业，在充分发挥创新效率优势的基础上，鼓励其加大研发投入。

对“高低”模式下的橡胶和塑料制品业，应鼓励继续增加研发投入，有利于提高行业研发绩效。

对“低高”型受纯技术效率影响更大的行业，即电气机械和器材制造业、木材加工和木竹藤棕草制品业、造纸和纸制品业、文教工美体育和娱乐用品制造业、非金属矿物制品业、专用设备制造业、废弃资源综合利用业等行业，需要不断总结行业研发高效率的成功经验与不足，获取新知识、新技能与新方法。

对“双低”受纯技术效率、规模效率的双重影响的黑色金属冶炼和压延加工业、医药制造业、通用设备制造业、食品制造业等行业，既要通过创新型人才队伍建设提高其研发能力，也要合理优化配置科技资源提高科技管理效率。

四、提升韶关市工业企业 R&D 绩效的相关建议

针对韶关市工业企业研发机构建设少、研发人员和经费投入总量不足、基础研究应用研究比重低、研发产出经济效益不高等问题，结合企业研发创新绩效提升的影响因素，主要从加大 R&D 人力财力物力投入及促进科技成果转化等方面提出提升韶关市工业企业 R&D 绩效的对策建议。

（一）推动创新研发平台建设促进 R&D 物力投入

第一，针对韶关市目前省、市级工程技术研发中心数量不多，特别是省级工程中心和省级新型研发机构较少的现状，落实现有《韶关市推动企业建立研发机构扶持办法》，发挥大型企业龙头作用，重点支持韶钢集团、乳源东阳光公司等研发实力强的大型骨干企业建设创新研发平台，发挥工业企业研发设备的先进性及其对研发创新的积极作用。

第二，积极鼓励并资助韶关学院、研发机构和有条件的企事业单位加大力度引进高层次人才，设立博士后科研工作站、博士后创新实践基地、企业科技特派员工作站、企业工程技术研发中心等高端人才载体。鼓励国内外各类创新资源来韶关设立新型研发机构，支持其申报市级科技计划项目，并择优推荐认定省级新型研发机构。鼓励本市企业与港澳地区及世界高水平大学、科研机构、企业联合建设省级新型研发机构。

第三，积极构建产业技术创新战略联盟，提高科研设备利用效率。一是与粤港澳大湾区有关机构开展协同创新，加快建立科研基础设施、大型科研仪器和专利信息资源向全社会开放的共享服务平台。二是通过

组织企业、国内外高水平大学和科研机构等围绕产业技术创新的关键问题，开展技术合作，突破产业发展的核心技术，提升产业整体竞争力，引导产业人才聚集，协同产业创新，形成科技人员交流、培育、技术攻关合作的良好平台。

（二）鼓励引导企业加大 R&D 经费投入

全社会研发投入不足，R&D 经费支出占 GDP 比重低，是影响韶关市高质量发展的短板之一。要强化政府财政投入的引导和保障机制，积极探索科技与金融结合的新路子，建立健全以政府投入为引导、企业投入为主体、社会投入为补充的多元化科技创新投入体系，从而不断加大科技投入的力度。我市现阶段引导和鼓励企业加大 R&D 经费投入，重点是“双高”模式下的计算机通信和其他电子设备制造业、有色金属冶炼和压延加工业、化学原料和化学制品制造业和“高低”模式下的橡胶和塑料制品业。

第一，将鼓励引导企业积极承担省重点研发计划项目作为韶关市全社会 R&D 经费投入提升行动的重要举措。韶钢集团、乳源东阳光公司、中金岭南韶关冶炼厂等企业是我市科技创新的第一方阵，在研发团队、研发能力、研发水平、研发投入等方面具有得天独厚的优势，应充分发挥自身优势，科学统筹，精心准备，争取省重点研发计划择优委托项目，为全社会 R&D 经费投入提升行动当先锋、做表率。

第二，逐渐提高财政科技拨款占地方财政总支出比重，充分发挥经济基础支撑能力，加大科技资源的统筹协调，引导经济资源向科技资源转移。进一步完善《韶关市人民政府印发关于进一步促进科技创新若干政策措施的通知（韶府〔2019〕19 号）》相关政策，调整优化企业研发财政补助政策，增加安排财政资金，优先支持我市重点发展的先进装备制造、医药健康等新兴支柱产业，设立企业研发奖补专项，用于鼓励支持企业建立和完善研发准备金制度，鼓励企业开展产学研合作、关键共性技术攻关，持续激励我市制造业企业加大 R&D 投入。

第三，对 R&D 经费支出以及企业 R&D 强度排名靠前的规上企业给予奖励，优先支持申报省级计划项目和工程（技术）研究中心等研发平台。

第四，进一步降低企业研发成本。在全面执行国家研发费用税前加计扣除 75%政策基础上，对评价入库的科技型中小企业按 25%研发费用税前加计扣除标准给予奖补。

（三）支持企业培养 R&D 人员队伍

研发人员投入总量不足，时间利用不充分，制约了韶关市科技成果质量的提高。韶关市要积极支持企业培养科技队伍，并完善激励机制激发企业研发人员积极性。

第一，优化 R&D 用人环境。深入推进人才发展体制机制改革，完善科技人才管理机制；积极推进体现人才价值的年薪制、项目收益分配制等多种形式的薪酬方式，吸引大批科技人员投入企业的 R&D 活动。对接《国家制造业人才发展规划》和相关人才计划，加强工业创新型人才队伍建设，加速引入在我市传统优势产业和战略性新兴产业领域具有领先创新成果、拥有自主知识产权、产业化前景广阔的创新科研人才团队。加强市重大人才工程与重大科技计划、各级人才计划协同。落实《韶关市人民政府办公室关于韶关市扶持高校毕业生在韶就业的实施意见（试行）》（韶府〔2018〕23 号）、《关于贯彻落实加快新时代博士和博士后人才创新发展若干意见的实施意见》（韶组通〔2018〕23 号）和《韶关市引进百名紧缺适用人才实施意见（试行）》（韶人才办〔2016〕3 号）等规定的住房补贴、安家费等优惠政策，为企业吸引科技人才资源提供基础。

第二，鼓励企业建立健全研发机构会计核算制度，对直接从事研发活动人员的工资薪金、直接投入费用、折旧费用等进行合理、准确归集。其科技人员实际发放的工资额在计算应纳税所得额时可据实扣除。

第三，鼓励有条件的企业按销售收入的一定比例设立人才发展专项资金，进一步激发科研人员技术创新积极性；鼓励企业建立健全职务发明知识产权成果权益归属、奖励报酬机制和知识产权转化服务机制，根据发明人（团队）贡献程度及发明所获经济效益以约定方式给予合理报酬。

（四）促进科技成果转化提升 R&D 产出效益

企业是创新的主体，如果提高企业 R&D 投入有利于提高自主创新能力，并产生经济效益，那么其反过来又会促进企业增加 R&D 投入，二者存在极为明显的良性互动关系。韶关市应该大力支持和促进企业科技成果的转化应用。

一是支持新技术、新成果应用，加速高新技术改造传统产业。加强科技立项论证，对技术成果转化应用的必要性、可行性、经济性、效益性的充分论证与分析，使科技计划安排与国民经济建设紧密衔接。

韶关市要特别支持高端装备制造、生物医药等支柱产业技术攻关集成和应用。

二是大力推进知识产权战略实施，深入开展“专利提升行动”，推进试点企业建立健全知识产权产出机制，普及专利知识，完善专利制度，采取“保姆式”的知识产权帮扶服务，为试点企业开展“专利提升行动”提供一站式服务；加强产学研合作，积极培育知识产权优势企业，强化经济政策的专利导向，提高工业企业创新成果转化能力。

三是鼓励企业参与标准制修订。近年来，中金岭南韶关冶炼厂和韶铸集团等企业和事业单位积极参与标准制修订工作，树立了行业引领者形象，也取得了显著的经济效益。韶关市应该充分利用示范效应大力推进标准化战略实施，主动对接企业，深入指导跟踪服务。组织技术人员深入到重点龙头企业开展调研，了解企业科技发展状况，技术标准研究情况，向企业宣传政策激励机制，鼓励和推动有条件的企业主导或参与国际标准、国家标准、行业标准的制修订。

（五）搭建公共平台增强科技成果流动性

搭建公共研发平台，增强科技成果流动性，是促进企业创新绩效提升的一个重要途径。

第一，搭建行业内部科技交流平台。成立专门的行业技术服务组织，积极贯彻执行政府有关引导政策，搭建行业内部技术研发、转化、应用交流服务平台，任务就是及时获取外部技术信息，整合行业技术资源，联合企业搞合作技术研发，促进技术资本在同行企业间流动，解决企业所面临的各种技术难题，促进 R&D 要素效率提升。现阶段，尤其是农副食品加工业、纺织业、印刷和记录媒介复制业、金属制品业、计算机通信和其他电子设备制造业 5 个处于规模报酬不变的行业，以及专用设备制造业、食品制造业、文教工美体育和娱乐用品制造业、橡胶和塑料制品业 4 个处于规模报酬递增的行业，政府要鼓励加快行业科技交流平台建设。

第二，开展跨行业科技交流合作。贯彻政府相关引导政策，组建产业技术创新战略联盟，通过产业联盟，同一产业链各组成部分不同行业的企业之间开展交流合作，以便将最新的科技成果及时应用到不同行业，推动产业技术创新和协同创新成果落地，逐步走出新产品不足、R&D 产出经济效益不高的困境。

第三，与创新创业互动融合，加快建设一批以成果转移转化为主要内容、专业服务水平高、创新资源配置优、产业辐射带动作用强的众创空间。要完善科技企业孵化育成体系，围绕构建“众创空间—孵化器—加速器—科技园区”全链条孵化体系，提升科技企业孵化器综合服务能力，落实孵化器扶持政策，注重对中小企业创新的支持，为创新提供良好的环境，让企业依托创新从萌芽成长为参天大树。要鼓励大型企业参与建设低成本、便利化、全要素、开放式的众创空间，重点培育以创客空间、创业咖啡、网上创新工厂等为代表的创业孵化新业态，满足科技成果转移转化需要。可考虑探索社会资本以融资租赁方式建设具备技术放大、人才培训、市场运营、测试论证、政策咨询等综合服务功能的中试基地，引导科技成果对应特色产业需求转移转化。

结　语

本项目拟利用第四次经济普查资料中工业行业企业数据，系统地对韶关市工业企业 R&D 投入产出绩效水平进行测算与分析，揭示韶关市工业企业研发投入产出的综合绩效及结构效益，找到提高其绩效的改进方向，具有重要的理论和现实意义。然而本文还存在诸多不足，也是今后进一步研究的方向：

（1）原项目计划的研究内容有基于微观视角的韶关市工业企业 R&D 投入与创新绩效关系的研究，拟从微观层面以企业为样本进行实证分析，需要企业所有权性质、营业收入、新产品销售收入、期末总资产、负债总额、企业管理效率、员工总数、研发人员数、研发经费、政府补贴额等相关数据资料。虽经多方协调，但由于种种原因，韶关市微观企业个体的 R&D 投入部分的四经普数据资料依然无法获取，以致该部分研究内容未能顺利展开，也无法进一步提出针对性更强的对策建议，甚为遗憾。

（2）广东省四经普数据公开了各市工业企业及分行业 R&D 投入情况，但未公布各市工业企业专利申请数等科技成果指标，广东科技厅提供了各市专利申请数等科技成果指标，但没有区分科研院校、企业等来源。为保证研究的严谨性，本文未进一步对广东省各市的区域异质性进行测算评价。

参考文献

[1] 闫冰，冯根福．基于随机前沿生产函数的中国工业绩效分析[J]．当代经济科学，2005，27（6）：14-18.

[2] 杨忠敏．企业技术创新能力评价的理论与方法综述[J]．科技进步与对策，2004（3）．

[3] 杨勇松，吴和成．基于改进 DEA 的我国各地区大中型工业企业 R&D 效率实证分析[J]．科学学与科学技术管理，2008（7）．

[4] 唐清泉，卢博科，袁莹翔．工业行业的资源投入与创新效率——基于中国大中型工业部门的研究[J]．数量经济技术经济研究，2009（2）．

[5] 许敏，谢玲玲．基于 DEA 的我国大中型工业企业技术创新效率评价研究[J]． 科学管理研究，2012（3）．

[6] 冯志军，陈伟．技术来源与研发创新全要素生产率增长——基于中国区域大中型工业企业的实证研究[J]．科学学与科学技术管理，2013（3）．

[7] 晏蒙，孟令杰．基于 DEA 方法的中国工业科技创新效率分析[J]．中国管理科学，2015（S1）．

[8] 刘玲利，李建华．基于随机前沿分析的我国区域研发资源配置效率实证研究[J]．科学学与科学技术管理，2007（12）：39-44.

[9] 白俊红，江可申，李婧．中国地区研发创新的技术效率与技术进步[J]．科研管理，2010，31（6）：7-18.

[10] 史修松，赵曙东，吴福象．中国区域创新效率及其空间差异研究[J]．数量经济技术经济研究，2009，26（3）：45-55.

[11] 梁彤缨，陈修德，卢春源．基于随机前沿方法的广东省大中型工业企业科技活动效率研究[J]．科学学研究，2009，27（3）：393-398+406.

[12] 薛娜，赵曙东．基于 DEA 的高技术产业创新效率评价——以江苏省为例[J]．南京社会科学，2007（5）：135-141.

[13] 冯缨，滕家佳．江苏省高技术产业技术创新效率评价[J]．科学与科学技术管理，2010，31（8）：107-112.

[14] 华海岭，吴和成，申敏．地区大中型工业企业技术创新效率分布的非参数检验[J]．系统工程，2014，32（1）：10-18.

[15] 陈四辉．我国省区规模工业创新绩效实证研究——基于 HCA-SEM（超效率）-DEA 模型[J]．研究与发展管理，2017（2）．

[16] 向小东，林健. 中国工业企业创新全要素生产率评价——基于双前沿面网络 DEA-Malmquist 指数模型[J]. 工业技术经济，2017（9）.
[17] 王义新，孔锐. 价值链视角下规模以上工业企业科技创新效率及关键影响因素研究——基于 DEA-Tobit 两阶段模型[J]. 科技管理研究，2019（3）.
[18] 薛健，郭万山. 新常态“创新驱动发展战略”实施前后规模以上工业企业研发创新效率比较研究——基于 DEA-Malmquist 指数方法的实证分析[J]. 工业技术经济，2020，39（5）：65-73.